Intelligente Technische Systeme – Lösungen aus dem Spitzencluster it's OWL

Reihe herausgegeben von

it's OWL Clustermanagement GmbH, Paderborn, Nordrhein-Westfalen, Deutschland

Die zunehmende Digitalisierung verändert nicht nur den Alltag, sondern auch die industrielle Fertigung, Geschäftsmodelle und die Anforderungen an die Mitarbeitenden. Um wettbewerbsfähig zu bleiben, müssen Unternehmen die Intelligenz in ihren Produkten und Produktionsverfahren erhöhen und neue Kundenzugänge erschließen. Im Spitzencluster it's OWL – Intelligente Technische Systeme OstWestfalenLippe haben sich seit 2012 über 200 Unternehmen, Forschungseinrichtungen, Hochschulen und Organisationen zusammengeschlossen, um diesen Wandel erfolgreich mitzugestalten. Ziel ist es, aus der digitalen Transformation als Gewinner hervorzugehen – Gestalter zu sein, statt Getriebener. it's OWL gilt dabei als Vorreiter für Industrie 4.0 im Mittelstand. Aktuelle Schwerpunktthemen sind Maschinelles Lernen, Big Data, digitaler Zwilling, digitale Plattformen und die Arbeitswelt der Zukunft. Das strategische Ziel ist der Aufbau einer Modellregion mit dem Schwerpunkt Nachhaltigkeit im Mittelstand.
www.its-owl.de

Increasing digitisation is changing not only everyday life, but also industrial manufacturing, business models and the demands placed on employees. In order to remain competitive, companies must increase the intelligence in their products and production processes and open up new customer access points. In the Leading-Edge Cluster it's OWL - Intelligent Technical Systems OstWestfalenLippe, more than 200 companies, research institutions, universities and organisations have joined forces since 2012 to successfully help shape this transformation. The goal is to emerge from the digital transformation as a winner - to shape instead of being driven by it. it's OWL is considered a pioneer for Industry 4.0 in medium-sized companies. Current key topics are machine learning, big data, digital twins, digital platforms and the working world of the future. The strategic goal is to establish a flagship region with a focus on sustainability in SMEs.
www.its-owl.com

Kirsten Thommes · Anja Iseke ·
Martin Schneider
(Hrsg.)

Digitales und prädiktives Kompetenzmanagement

Springer Vieweg

Hrsg.
Kirsten Thommes
Faculty of Business Administration & Economics
University of Paderborn
Paderborn, Deutschland

Anja Iseke
Lemgo, Deutschland

Martin Schneider
Universität Paderborn
Paderborn, Deutschland

ISSN 2523-3637 ISSN 2523-3645 (electronic)
Intelligente Technische Systeme – Lösungen aus dem Spitzencluster it's OWL
ISBN 978-3-662-68837-3 ISBN 978-3-662-68838-0 (eBook)
https://doi.org/10.1007/978-3-662-68838-0

Die Deutsche Nationalbibliothek verzeichnet diese Publikation in der Deutschen Nationalbibliografie; detaillierte bibliografische Daten sind im Internet über https://portal.dnb.de abrufbar.

Planung/Lektorat: Alexander Grün
Springer Vieweg ist ein Imprint der eingetragenen Gesellschaft Springer-Verlag GmbH, DE und ist ein Teil von Springer Nature.
Die Anschrift der Gesellschaft ist: Heidelberger Platz 3, 14197 Berlin, Germany

Das Papier dieses Produkts ist recycelbar.

Geleitwort des Ministeriums für Wirtschaft, Industrie, Klimaschutz und Energie des Landes Nordrhein-Westfalens

In Zeiten tiefgreifenden Wandels liegen Bestreben und Erfolg darin, technologisch und organisatorisch „auf der Höhe der Zeit" zu sein – oder ein Stück voraus. Dieser Vorsprung bildet das Handlungsfeld des Spitzenclusters it's OWL, das mit seinem Engagement Maßstäbe setzt für den technologischen Fortschritt und eine zukunftsweisende Transformation unseres industriellen Mittelstands in Nordrhein-Westfalen. Zur „Höhe der Zeit" gehören „Zeichen der Zeit", die es zu erkennen gilt. Unsere Gegenwart ist von einer Vielzahl komplexer Umbruchprozesse geprägt, die wir parallel handeln müssen. Dazu braucht es Mut und Anpackmentalität, Pioniergeist und Kooperationsstrukturen – genau das trägt it's OWL.

Der industrielle Mittelstand profitiert von gebündelten Kräften auf dem Weg der doppelten Transformation mit der Ausrichtung zur Klimaneutralität und der fortschreitenden Digitalisierung. In dieser Transformation liegen die wirtschaftlichen Chancen von morgen, die es mit innovativen Ansätzen, einem schnellen Wissenstransfer und belastbaren Kooperationsstrukturen umzusetzen gilt. Das Spitzencluster it's OWL leistet hierbei einen wichtigen Beitrag, indem das Netzwerk, bestehend aus über 200 Unternehmen und Forschungseinrichtungen, neue Technologien für den Mittelstand erschließt und damit Kompetenzen zu einer durchschlagenden Innovationskraft bündelt. Als Landesregierung setzen wir auf den bewährten Schulterschluss zwischen Wirtschaft, Wissenschaft und Politik und werden das Spitzencluster als Leuchtturmprojekt der Region auch weiterhin unterstützen.

Was hier „zwischen Buchdeckeln" steht, ist in Texte gegossenes Wissen aus der Praxis für die Praxis. Der Wissens- und Technologietransfer trägt die Leistungen der vielen klugen Köpfe und fleißigen Hände des Netzwerks in die Region und weit über

Ostwestfalen-Lippe hinaus ins ganze Land. Die zahlreichen Innovationsprojekte und Aktivitäten von it's OWL, die praktische Wirkung entfalten, mögen durch die Lektüre zu weiteren Ideen und Projekten inspirieren.

Mona Neubaur
Stellvertretende Ministerpräsidentin und
Ministerin für Wirtschaft, Industrie,
Klimaschutz und Energie des Landes
Nordrhein-Westfalen

Geleitwort des Clustermanagements it's OWL

Wir machen den Mittelstand fit für die industrielle Transformation

Die digitale Transformation verändert Produkte, Produktionsverfahren, Arbeitsbedingungen und Geschäftsmodelle in der Industrie. Um wettbewerbsfähig zu bleiben, müssen Unternehmen die Intelligenz in ihren Produkten und ihrer Fertigung erhöhen und neue Kundenzugänge erschließen. Dafür entwickeln Unternehmen und Forschungseinrichtungen im Technologie-Netzwerk it's OWL – Intelligente Technische Systeme OstWestfalenLippe gemeinsam neue Lösungen. Das Themenspektrum ist breit und spiegelt die Herausforderungen der Betriebe wider: von der Kompetenzentwicklung agiler Teams und Künstlicher Intelligenz über Wertschöpfungsnetze und Systems Engineering bis zu Big Data und Arbeit 4.0.

Ausgezeichnet als Spitzencluster des Bundesministeriums für Bildung und Forschung gilt it's OWL als eine der größten Initiativen für die industrielle Transformation im Mittelstand. In den vergangenen zehn Jahren haben wir in 80 Projekten im Umfang von 230 Mio. EUR neue Technologiefelder erschlossen. In über 300 Transferprojekten konnten kleine und mittlere Unternehmen die Technologien nutzen und konkrete Herausforderungen lösen. Mit unserer Innovationsplattform machen wir die Ergebnisse aus allen Projekten verfügbar und schaffen einen digitalen Raum für Austausch und Matching. Gemeinsam mit unseren Transferpartnern schaffen wir passgenaue Unterstützungsangebote für den Mittelstand. Seit 2023 kümmern wir uns mit unserer neuen Strategie ‚Industrie.Zero', um neue Technologien für einen nachhaltigen Mittelstand.

Mit dem Projekt „Agile Teamarbeit durch prädiktives Kompetenzmanagement (Predicteams)" leisten Forschungseinrichtungen und Unternehmen unter der Koordination der Universität Paderborn einen wichtigen Beitrag dazu, dass Unternehmen Methoden kennenlernen, um die Kompetenzen ihrer Mitrabeitendenen zielgenau und effizient messen zu können. Durch die erfassten Kompetenzen lassen sich in den Unternehmen die Personaleinsätze optimieren und Personalentwicklungsmaßnahmen zielgerichteter durchführen.

it's OWL – Das ist OWL: Innovative Unternehmen mit konkreten Lösungen für die industrielle Transformation. Anwendungsorientierte Forschungseinrichtungen mit neuen

Technologien für den Mittelstand. Hervorragende Grundlagenforschung zu Zukunftsfragen. Ein starkes Netzwerk für interdisziplinäre Entwicklungen. Attraktive Ausbildungsangebote und Arbeitgeber in Wirtschaft und Wissenschaft.

Prof. Dr.-Ing. Roman Dumitrescu
Günter Korder
Geschäftsführer it's OWL
Clustermanagement

Vorwort der Herausgeber

Wer gute Entscheidungen fällen möchte, der braucht eine belastbare Datenlage, das gilt in der Forschung und in der Praxis. Für empirische betriebswirtschaftliche Forschung ist es unerlässlich, Daten von Unternehmen zu erhalten. Unternehmen, die evidenzbasiert entscheiden möchten, müssen auf gute Daten zurückgreifen können und das Handwerkzeug zu besitzen, aus den Daten die die richtigen Schlüsse zu ziehen.

Obschon der wechselseitige Nutzen durch die Zusammenarbeit von Forschung und Unternehmen so deutlich ist, findet in Deutschland noch zu wenig Forschungskooperation zwischen den Wirtschaftswissenschaften und Unternehmen statt. Gründe dafür sind nicht nur Unkenntnis, sondern dass auch ein besonderes Vertrauensverhältnis zwischen den beteiligten Akteuren herrschen muss. Schließlich stellt die gemeinsame Forschung den bestehenden Status quo infrage und experimentiert ergebnisoffen.

Mit dem hier präsentierten Projekt Predicteams, das die Grundlage für das vorliegende Buch ist, ist uns eine solche Zusammenarbeit gelungen. Am Beispiel der Kompetenzmessung in Teams versuchen wir in diesem Buch aufzuzeigen, wie eine bessere Datenbasis für evidenzbasierte Entscheidungen aufgebaut werden kann. Schritt für Schritt zeigen wir den Status quo in den Bereichen der Modellierung, Messung und Analyse von Kompetenzen auf und entwickeln in jedem der drei Bereiche eine innovative Lösung, sodass bessere Daten schneller und günstiger gewonnen und sinnvolle Analysen gefahren werden können.

Das gesamte Konsortium hat sowohl in Forschung als auch in unternehmerischer Praxis von der Zusammenarbeit profitiert und wir hoffen, mit dem Buch einen Denkanstoß für viele Unternehmen zur Verbesserung ihres Kompetenzmanagements geben zu können. Möglich wurde das Projekt, weil wir uns dank des Spitzenclusters it's OWL in einem Netzwerk befinden, in dem Unternehmen und Forschungseinrichtungen ein enges und vertrauensvolles Verhältnis aufgebaut haben. Wir sind sehr dankbar für die Strukturen, vor allem aber auch für das großartige Arbeitsklima. Wir bedanken uns auch bei dem Ministerium für Wirtschaft, Industrie, Klimaschutz und Energie des Landes NRW für die Förderung des Projekts sowie beim Projektträger Jülich für die reibungslose Zusammenarbeit. Ein großer Dank gebührt auch dem Software Innovation Campus Paderborn

(SICP) und hier insbesondere Nicole Weizenbürger, die uns hervorragend durch das Projekt geleitet hat, sowie Christoph Weskamp und Sonja Saage. Danken möchten wir auch dem Forschungs- und Transferzentrum der Technischen Hochschule Ostwestfalen-Lippe, insbesondere Daniela Möller, Miriam Plöger und Heike Timmermann.

Solch ein Innovationsprojekt mit derart vielen neuartigen Ideen ist nicht möglich, ohne eine vertrauensvolle Zusammenarbeit mit den Personen in den Unternehmen, die uns ihre Türen geöffnet haben, ihre Expertise, tatkräftige Unterstützung und nicht zuletzt auch Daten zur Verfügung gestellt haben. Ganz besonders bedanken möchten wir uns bei Melanie Amelunxen (Weidmüller Gruppe), Thivya Arumugavadivel (NTT Data), Uwe Bröker und Klaus Schröder (beide von S&N Invent) und Christian Goebel, Christina van Putten und Leonie Schweppenstedde (alle von BHTC). Es war eine große Freude, zusammen mit Euch an einem so relevanten und ambitionierten Projekt zu arbeiten.

Wir hätten das Projekt nicht realisieren können ohne Katharina Agethen, Jana Gutt und Luc Sandfort, die das Projekt als wissenschaftliche Mitarbeiterinnen getragen haben und mit wissenschaftlicher Neugier und hoher fachlicher und methodischer Kompetenz die empirischen Analysen durchgeführt haben. Für die großartige Unterstützung bei der finalen Formatierung des Buchs möchten wir uns bedanken bei Conny Casey-Buschmeier, Daria Marie Baumgarten, Niklas Dignan und Maurice Lutz Pape.

Kirsten Thommes
Anja Iseke
Martin Schneider

Inhaltsverzeichnis

Autorenverzeichnis

Katharina Agethen Fachbereich Wirtschaftswissenschaften, Technische Hochschule Ostwestfalen-Lippe (TH OWL), Lemgo, Deutschland

Jana Gutt Lehrstuhl für Organizational Behavior, Universität Paderborn, Paderborn, Deutschland

Prof. Dr. Anja Iseke Fachgebiet Personalmanagement, Technische Hochschule Ostwestfalen-Lippe (TH OWL), Lemgo, Deutschland

Luc Sandfort Lehrstuhl für Personalwirtschaft, Universität Paderborn, Paderborn, Deutschland

Prof. Dr. Martin Schneider Lehrstuhl für Personalwirtschaft, Universität Paderborn, Paderborn, Deutschland

Prof. Dr. Kirsten Thommes Lehrstuhl für Organizational Behavior, Universität Paderborn, Paderborn, Deutschland

Abbildungsverzeichnis

Kompetenzmodelle: Was wird gemessen?

Kompetenzmessung: Wie wird gemessen?

Analyse von Kompetenzprofilen

Tabellenverzeichnis

Kompetenzmodelle: Was wird gemessen?

Analyse von Kompetenzprofilen

Einleitung

Anja Iseke, Martin Schneider und Kirsten Thommes

Die Kompetenzen der Mitarbeitenden sind besonders in wissensintensiven Unternehmen der wichtigste Wettbewerbsfaktor. Sowohl die Digitalisierung als auch die Analyse der bestehenden Daten in den Personalabteilungen stecken jedoch häufig noch in den Kinderschuhen. So zeigt beispielsweise PWC (https://www.pwc.de/de/human-resources/pwc-study-people-management-2025.pdf) in einer Umfrage unter 130 HR Führungskräften aus dem Jahr 2019, dass die Themen Datenmanagement, Personalplanung und Talentmanagement von sehr hoher Wichtigkeit sind, gleichzeitig fühlt sich eine Vielzahl der Befragten nicht ausreichend auf diese Anforderung vorbereitet. In einer anderen, weltweiten Studie von BCG (https://www.haufe.de/personal/hr-management/bcg-studie-die-wichtigsten-handlungsfelder-von-hr_80_546476.html) aus dem Jahr 2021 gab die Mehrheit der befragten HR Manager:innen weiter an, dass die Digitalisierung in den HR Abteilungen kaum voranschreitet, was sich unter anderem daran zeige, dass zu diesem Zeitpunkt nur 9% der Befragten mit der Digitalisierung der Abteilung beschäftigt seien.

A. Iseke
Technische Hochschule Ostwestfalen-Lippe, Lemgo, Deutschland
E-Mail: anja.iseke@th-owl.de

M. Schneider · K. Thommes (✉)
Universität Paderborn, Paderborn, Deutschland
E-Mail: kirsten.thommes@uni-paderborn.de

M. Schneider
E-Mail: martin.schneider@uni-paderborn.de

K. Thommes et al. (Hrsg.), *Digitales und prädiktives Kompetenzmanagement*,
Intelligente Technische Systeme – Lösungen aus dem Spitzencluster it's OWL,
https://doi.org/10.1007/978-3-662-68838-0_1

Gleichzeitig steigt der Druck auf Unternehmen, die Kompetenzen der Mitarbeitenden besser zu erfassen, um Personaleinsätze zu optimieren und außerdem Personalentwicklungsmaßnahmen zielgerichteter durchführen zu können. Im Arbeitsalltag sehen sich somit Personalverantwortliche regelmäßig mit folgenden Fragen konfrontiert:

- Welche Kompetenzen sind für das Unternehmen relevant?
- Wie sollen wir diese Kompetenzen messen?
- Wie können die erhobenen Daten analysiert werden?

Besonders Soft-Skills sollen Beschäftigte befähigen, neue Aufgaben zu übernehmen und in sich ändernden Kontexten zu agieren. Somit müssen neuartige Anforderungen und vorhandene Kompetenzen miteinander abgeglichen, und in der Folge Kompetenzdefizite durch gezielte Einarbeitung und Entwicklung kompensiert werden.

Hinzu kommt, dass viele wissensintensive Unternehmen dazu übergehen, aus der Software-Branche stammende agile Arbeitsmethoden aufzugreifen. In Programmier-, Entwicklungs- und Forschungsteams geht es immer öfter darum, kundenorientiert und/oder mit nicht genau definierten Zielen die Kompetenzen verschiedener Personen produktiv miteinander zu kombinieren.

Da agile Teams sich weitgehend selbst steuern, werden neben Fachkompetenzen auch Führungs- und (Selbst-)Managementkompetenzen der Mitarbeitenden kritisch für den Erfolg. Außerdem stellen diese Kompetenzen einen Engpass dar, denn erst sie erlauben eine geteilte Führung in Teams. Kompetenzen dieser Art können nicht durch traditionelle Führung von Vorgesetzten ersetzt werden, denn Vorgesetzte selbst sind gefragt, in der Projektarbeit ihre Rolle anzupassen. Hierbei müssen sie stärker unterstützen und moderieren, und dabei weniger anweisen und kontrollieren. Kompetenzen für die agile Teamarbeit werden dabei häufig in Projekten „on-the-job" erworben (Medina & Medina, 2015). All dies erfordert ein Kompetenzmanagement, das auf die spezifischen Bedarfe agiler Teamarbeit abgestimmt ist. Mit den heute vorhandenen Systemen und Software-Tools ist ein solches Kompetenzmanagement allerdings bislang kaum umzusetzen.

Nicht nur Unternehmen mit agilen Teams, sondern auch projektorientierte Unternehmen müssen ihre Teams regelmäßig neu bilden oder umbauen. Dabei stehen sie dann vor der Frage, wie Projektteams zusammengestellt werden sollten, um vorhandene Kompetenzen optimal zu nutzen, die Kompetenzentwicklung innerhalb des Teams zu fördern, und mögliche Reibungsverluste durch Konflikte und Missverständnisse zu minimieren.

Konkret ergeben sich aus diesen Herausforderungen drei Handlungsfelder, die im Rahmen des Buches besprochen werden:

Als erstes stellt sich die Frage, welche Kompetenzen ein Unternehmen messen sollte. Im dritten Kapitel stellen wir daher gängige Kompetenzmodelle aus der Wissenschaft, der populären Literatur, sowie der Unternehmenspraxis vor. Wir analysieren auf Basis unserer eigenen Forschung, welche Kompetenzen von besonders hoher Relevanz für Unternehmen sind. Hier legen wir einen besonderen Schwerpunkt auf die Teamarbeit, sodass am Ende ein evidenzbasierter Vorschlag erfolgt, welche Kompetenzen in einem Unternehmen für die Teamarbeit gemessen werden sollten.

Darüber hinaus müssen die entsprechenden Kompetenzen natürlich zuverlässig und fundiert gemessen werden. Aktuell werden in Unternehmen sehr viele Geldmittel für Evaluationen und Vorgesetzteneinschätzungen aufgewendet, bei denen eher weniger verlässliche Daten erhoben werden. Ziel eines Unternehmens muss es jedoch sein, die Kompetenzen der Mitarbeitenden möglichst effizient und genau zu erfassen, um aus den Daten dann auch effektive Maßnahmen ableiten zu können. Im vierten Kapitel befassen wir uns mit den Problemen bisheriger Messverfahren, um anschließend zielführendere und genauere Messverfahren vorzustellen. Schließlich stellen wir eine Methode vor, die auf Papierfragebögen verzichtet und sich einer neuen Herangehensweise bedient. Es handelt sich hierbei um ein modernes Verfahren der semantischen Sprachanalyse. Mit dieser Methode präsentieren wir einen evidenzbasierten Vorschlag zur zielgenauen und effizienten Messung von Kompetenzen in Unternehmen.

Wenn Messungen von Kompetenzen erfolgt sind, stellt sich in der Umsetzung die Frage nach der besten Kompetenzanalyse. Bisherige Ansätze der Kompetenzanalyse gehen üblicherweise von einem „mehr ist mehr"-Ansatz aus, d. h. die maximale Ausprägung aller Soft-Skills gilt als die optimale Basis auf Individualebene, Teamebene, und auch im gesamten Unternehmen. Dies muss jedoch nicht notwendigerweise der Fall sein. Vielmehr gibt es – je nach Art der Kompetenz – auch unterschiedliche optimale Ausprägungen von Kompetenzen: Während es in manchen Fällen ausreicht, wenn lediglich ein Teammitglied über eine bestimmte Kompetenz verfügt, kann es in anderen Fällen hilfreich sein, wenn die Teammitglieder in ihren Kompetenzen möglichst unterschiedlich sind. In einem weiteren Szenario ist es ausreichend, wenn alle Beteiligten über ein Mindestmaß an Kompetenz in einem bestimmten Bereich verfügen. Dieser Frage widmet sich das fünfte Kapitel des Buches, in dem herkömmliche Verfahren diskutiert werden und anschließend ein innovatives Analyseverfahren vorgestellt wird.

Wir beginnen das Buch im zweiten Kapitel mit einer Zusammenfassung für Praktiker, in der wir die Erkenntnisse zusammenfassen und einen Ausblick auf die weiteren Möglichkeiten eines evidenzbasierten und datengetriebenen HR Managements geben.

Ein untechnischer Schnelldurchlauf

Anja Iseke, Martin Schneider und Kirsten Thommes

Inhaltsverzeichnis

1 Warum soll man Kompetenzen messen?

Kompetenzen verstehen wir als individuelle Fähigkeiten, Fertigkeiten und Kenntnisse, die es Beschäftigen erlauben, ihren Job gut zu machen auch in komplexen und neuen Situationen. Kompetenzen sind latent, man kann sie nicht einfach zählen oder beobachten. Eine fundierte und effiziente Kompetenzmessung ist für viele darauf aufbauende Prozesse daher von großer Bedeutung.

A. Iseke
Technische Hochschule Ostwestfalen-Lippe, Lemgo, Deutschland
E-Mail: anja.iseke@th-owl.de

M. Schneider · K. Thommes (✉)
Universität Paderborn, Paderborn, Deutschland
E-Mail: kirsten.thommes@uni-paderborn.de

M. Schneider
E-Mail: martin.schneider@uni-paderborn.de

K. Thommes et al. (Hrsg.), *Digitales und prädiktives Kompetenzmanagement*, Intelligente Technische Systeme – Lösungen aus dem Spitzencluster it's OWL, https://doi.org/10.1007/978-3-662-68838-0_2

Die Kompetenzen, die in Erstausbildungen (Studium oder Ausbildungsberuf) erworben wurden, genügen nicht für eine ganze Karriere. Kompetenzen werden zudem während des Berufslebens weiterentwickelt sowie „on-the-job“ erlernt und differenzierter ausgebildet. Daher sollten Unternehmen nicht nur im Rahmen der Personalauswahl Kompetenzen erfassen, sondern auch fortlaufend erheben. Dabei geht es zum einen darum, sichtbar zu machen, über welche Kompetenzen Beschäftigte verfügen und wie sie diese erworben haben, zum anderen darum, Entwicklungsbedarfe im Sinne des lebenslangen Lernens festzustellen und notwendige Schulungsbedarfe aufzudecken.

Grundsätzlich kann man Kompetenzen unterscheiden in fachliche Kompetenzen einerseits und generelle Kompetenzen auf der anderen Seite. Wir fokussieren uns auf die generellen Kompetenzen, die in jedem Job und an jedem Arbeitsplatz wichtig sind, wenngleich auch in unterschiedlicher Ausprägung.

Jedes Jobprofil und jede Rolle im Unternehmen erfordert ein bestimmtes individuelles Kompetenzprofil, um die Aufgabe gut ausfüllen zu können. Entgegen häufig vorgebrachter Vereinfachungen ist es nicht so, dass mehr fachliche Kompetenz auch zu einer besseren Aufgabenerfüllung im Bereich der generellen Kompetenzen führt, sondern dass das richtige Ausmaß der einzelnen Kompetenzen erstrebenswert ist.

Daher ist es beispielsweise vor Beförderungen oder einer neuen Aufgabenverteilung im Unternehmen angezeigt, die gewünschten oder erforderlichen Kompetenzen – die Soll-Kompetenzen – für jeden Arbeitsplatz (und nicht etwa pro Hierarchiestufe) vorab festzulegen und in der Folge die bei den Beschäftigten vorhandenen Kompetenzen – die Ist-Kompetenzen – systematisch zu erfassen. Andere Anlässe für eine Messung der Kompetenzprofile der Mitarbeitenden könnten grundsätzliche Veränderungen der Betriebsabläufe sein, wie zum Beispiel im Zuge von Digitalisierungsinitiativen. Hier benötigen Mitarbeitende nicht nur fachliche Fähigkeiten zur Bedienung der Software, sondern auch Grit, d. h. Beharrlichkeit und Entschlossenheit, um die Implementation und die damit einhergehenden Herausforderungen zu meistern. Auch bei nicht-technischen Organisationsherausforderungen wie der Nachfolgeplanung ist es wichtig, nicht-fachliche Kompetenzen mit zu berücksichtigen. Um Stellen erstmalig anforderungsgerecht zu besetzen oder neu zu besetzen, muss man ein Anforderungsprofil erst einmal kennen/definieren. Ein Anforderungsprofil ist nichts anderes als eine Konfiguration von Soll-Kompetenzen. Um es abzuleiten, sollte man erfassen, welche Kompetenzen bisherige Stelleninhabende oder Beschäftigte auf verwandten Positionen benötigen, um erfolgreich zu agieren.

Nicht-fachliche Kompetenzen werden dann besonders bedeutsam, wenn Mitarbeitende in Teams zusammenarbeiten. Arbeit wird heute oft in Teams geleistet, die weitgehend selbstorganisiert bzw. agil sind. Solche Arbeitsformen verlangen Kompetenzen zu Führung und Selbstführung, die Beschäftigte häufig nicht aus Arbeitserfahrung oder Erstausbildung mitbringen. Darüber hinaus stellt sich für die Zusammenstellung erfolgreicher Teams zum Beispiel die Frage, ob es günstig ist, wenn alle Teammitglieder besonders gewissenhaft sind. Leicht kann man sich Situationen vorstellen, in denen eine hohe Kompetenzausprägung aller Einzelmitglieder nicht zu einem besseren, sondern sogar zu einem schlechteren Ergebnis führt als eine heterogene Teamzusammensetzung. Ein Beispiel dafür wären ausgeprägte Führungskompetenzen aller Teammitglieder, die zu Konflikten über die Führung führen können. Hier können individuelle Kompetenzprofile eine Hilfe sein – und die Formulierung von Kompetenzprofilen auf aggregierter Teamebene. Wichtig ist zu beachten, was das Hauptanliegen des Teams ist: Handelt es sich um eine innovative Aufgabe, bei der das Team möglichst kreativ arbeiten soll, sind häufig heterogene Teamzusammensetzungen vorteilhaft. Handelt es sich hingegen um eine Teamaufgabe, bei der schnell effizient ein vorher definierter Plan abgearbeitet werden soll, sind homogene Teamzusammensetzungen hinsichtlich der Metakompetenzen günstiger.

Kompetenzmessungen werden vielfältig eingesetzt, z. B. um Soll-Kompetenzen für Neueinstellungen oder Beförderungen festzulegen, Weiterbildungsbedarf zu ermitteln oder Teams zusammenzustellen. Sofern Unternehmen die Kompetenzen erfassen und anhand quantitativer, z. B. statistischer Methoden mit Erfolgsmaßen abgleichen, entscheiden sie evidenzbasiert. Dabei versuchen sie immer, von Kompetenzprofilen, die in der Vergangenheit erfolgreich waren, auf die Zukunft zu schließen. In diesem Sinn geht die Kompetenzmessung prognostisch oder prädiktiv vor. Das Ziel dieses Buchs ist es, Vorarbeiten für ein prädiktives, evidenzbasiertes Kompetenzmanagement in Unternehmen zu leisten.

Im Folgenden strukturieren wir Kompetenzmessung von nicht-technischen Kompetenzen anhand von drei Fragen: In Abschn. 2 wird erläutert, welche Kompetenzen gemessen werden sollten. In Abschn. 3 betrachten wir die Frage, welche Möglichkeiten der Kompetenzmessung zur Verfügung stehen, und in Abschn. 4 zeigen wir, welche Möglichkeiten zur Analyse der Kompetenzprofile aus unserer Sicht in Unternehmen sinnvoll eingesetzt werden können.

2 Welche Kompetenzen soll man messen?

Unternehmen entwickeln oft umfangreiche Kompetenzmodelle, die eine Sammlung verschiedenster Fertigkeiten, Fähigkeiten oder Eigenschaften umfassen, und sukzessive nach Bedarf ergänzt oder an einzelne Unternehmensbereiche, Funktionen oder Tätigkeiten angepasst werden. Eine Vergleichbarkeit über einen längeren Zeitraum oder über verschiedene Unternehmensbereiche hinweg wird dadurch erschwert. Bei näherer Betrachtung zeigt sich, dass die Kompetenzmodelle verschiedener Unternehmen große Ähnlichkeiten aufweisen und sich auf eine überschaubare Anzahl genereller Kompetenzen zurückführen lassen.

Darüber hinaus werden die Kompetenzmodelle oftmals im Hinblick auf die individuelle Leistung der Beschäftigten entworfen, und es ist unklar, ob dieselben Kompetenzen auch im Kontext von Teamarbeit relevant sind. Im Folgenden entwickeln wir daher ein allgemeines Kompetenzmodell zur Prognose von Teamperformance und zeigen exemplarisch auf, wie Unternehmen vorgehen sollten, um relevante Kompetenzen für ein prädiktives Kompetenzmodell zu identifizieren.

Kompetenzen bezeichnen generelle Dispositionen, selbstorganisiert zu handeln und eigenständig Probleme zu lösen, und können neben Fähigkeiten und Fertigkeiten u. a. auch Persönlichkeitsmerkmale oder Motive einschließen. Sie sind situationsübergreifend relevant und eignen sich daher besonders in dynamischen Kontexten, in denen sich Aufgaben und Anforderungen oft verändern. Das populäre und wissenschaftlich fundierte Great-Eight-Kompetenzmodell unterscheidet acht verschiedene Kompetenzdomänen (z. B. Führen & Entscheiden, Gestalten & Konzipieren, Anpassen & Bewältigen) und dient im Folgenden als Bezugsrahmen für unser Kompetenzmodell.

Um Kompetenzen zu identifizieren, die nachweislich zum Erfolg von Teams beitragen, haben wir empirische Studien herangezogen. Als Ausgangspunkt eignen sich insbesondere sogenannte Meta-Analysen, die den Stand der empirischen Forschung zusammenfassen. Sie liefern erste Hinweise darauf, ob eine Kompetenz in einem systematischen Zusammenhang mit Mitarbeitendeneinstellungen, -verhalten oder -leistung steht. Um die identifizierten Kompetenzen in Analogie zu bisherigen Kompetenzmodellen zu systematisieren, haben wir diese Kompetenzen den Great-Eight-Kompetenzdomänen zugeordnet.

> *„Ein Blick in die empirische Kompetenzforschung liefert uns wichtige Impulse, Kompetenzmanagement evidenzbasiert zu betreiben. Die Studienergebnisse ergänzen unsere eigenen Analysen und Expert:inneneinschätzungen.“*
>
> *(Melanie Amelunxen, Head of Personnel and Organizational Development, Weidmüller)*

Oftmals werden Kompetenzen in der Praxis nur stichpunktartig beschrieben, aber nicht näher erläutert, sodass ein großer Interpretationsspielraum bleibt, der zu ungenauen bis hin zu unbrauchbaren Bewertungen führt. Der Rückgriff auf die empirische Forschung hat den Vorteil, dass für alle Kompetenzen geprüfte Messinstrumente, sogenannte psychometrische Skalen, vorliegen, mit denen die Kompetenzen anhand von Selbst- und Fremdeinschätzungen gemessen werden können. Psychometrische Skalen enthalten Aussagen, die relevante Ausprägungen einer Kompetenz konkret beschreiben. Die Befragten geben dann anhand einer Antwortskala an, inwiefern die Ausprägung auf sie selbst bzw. die zu bewertende Person zutrifft. Den Antwortmöglichkeiten werden Zahlenwerte zugeordnet, sodass die Ausprägung einer Kompetenz mithilfe einer psychometrischen Skala quantifiziert werden kann (siehe dazu Abschn. 3 und 4).

Kompetenzmodelle sind häufig sehr umfangreich und es kostet viel Zeit, alle Kompetenzen anhand psychometrischer Skalen einzuschätzen. Damit ein Kompetenzmodell für den Einsatz in der Praxis geeignet ist, empfiehlt es sich, die Anzahl der Kompetenzen zu begrenzen. Wir schlagen einen zweistufigen Prozess vor, um Kompetenzmodelle so zu gestalten, dass sie das gesamte Kompetenzspektrum abdecken, ohne Kompetenzen doppelt zu messen. Im ersten Schritt haben wir für jede Great-Eight-Domäne eine psychometrische Skala ausgewählt, die die jeweilige Domäne am besten repräsentiert. Unsere Beurteilung basiert unter anderem auf der semantischen Ähnlichkeit zwischen den Great-Eight-Domänen und den psychometrischen Skalen. Die semantische Ähnlichkeit haben wir mittels einer Latent Semantic Analysis (LSA) überprüft. Dieses statistische Verfahren ermittelt die Ähnlichkeit von Aussageinhalten. Die psychometrische Skala, die jeweils die größte Ähnlichkeit mit der jeweiligen Great-Eight-Domäne aufweist und auch anhand von Expert:inneneinschätzungen als repräsentativ gelten kann, haben wir als Indikator in unser Kompetenzmodell aufgenommen. Auf diese Weise haben wir die Anzahl der zu messenden Konstrukte von 27 auf acht reduziert.

Im zweiten Schritt haben wir überprüft, ob die acht Kompetenzen unabhängig voneinander auftreten. Dazu haben wir Korrelationsanalysen durchgeführt, die die Stärke des linearen Zusammenhangs zwischen zwei Kompetenzen ermitteln. Ein Korrelationskoeffizient zeigt an, inwiefern die Ausprägung einer Kompetenz Rückschlüsse auf die Ausprägung einer anderen Kompetenz zulässt. Ist die Korrelation zwischen zwei Kompetenzen niedrig, ist davon auszugehen, dass die Kompetenzen unterschiedliche Fähigkeiten und Merkmale beschreiben. Die Korrelationsanalysen zeigen für die von uns ausgewählten acht Kompetenzen geringe bis mittlere Zusammenhänge. Wir erkennen einerseits, dass die Kompetenzen nicht redundant sind. Andererseits deuten die Analysen an, dass viele Kompetenzen nicht völlig unabhängig voneinander auftreten. So haben Personen, die ein hohes Maß an Resilienz (als Indikator für die Kompetenzdomäne Anpassen & Bewältigen) aufweisen, tendenziell auch einen stärkeren Antrieb, sich fachlich weiterzuentwickeln und neue Fähigkeiten zu erlernen (Zielorientierung als Indikator für Gestalten & Konzipieren). Diese Analysen liefern erste Hinweise darauf, dass Kompetenzen nicht isoliert betrachtet werden sollten. Vielmehr sollten Unternehmen spezifische Kombinationen von Kompetenzen, sogenannte Kompetenzprofile, analysieren (siehe dazu Abschn. 4 und 5).

Ein wichtiger Schritt bei der Entwicklung eines prädiktiven Kompetenzmodells besteht darin, für den vorliegenden Untersuchungskontext zu überprüfen, ob die identifizierten Kompetenzen in einem systematischen Zusammenhang mit der Teamleistung stehen. Anders als bei Betrachtung der individuellen Leistung ist bei der Analyse von Teams zu klären, wie man die individuellen Kompetenzausprägungen auf Teamebene aggregiert.

Häufig wird angenommen, dass eine hohe Ausprägung einer Kompetenz bei allen Teammitgliedern vorteilhaft für die Teamleistung ist. Dann wählt man das arithmetische Mittel, um die durchschnittliche Ausprägung der Kompetenz auf Teamebene abzubilden. Es könnte aber auch sein, dass es auf die Verteilung der Kompetenzen im Team ankommt. Ein Indikator dafür, wie die Kompetenzen im Team verteilt sind, ist die Standardabweichung. Eine hohe Standardabweichung zeigt, dass sich die Teammitglieder stark in einer bestimmten Kompetenz unterscheiden, während eine geringe Standardabweichung darauf hinweist, dass alle Teammitglieder ähnlich kompetent sind. Geht man jedoch davon aus, dass einzelne Teammitglieder entscheidend für die Teamleistung sind, betrachtet man die minimale oder maximale Kompetenzausprägung im Team. Das Kompetenzminimum bildet den Einfluss des schwächsten Teammitglieds ab, während das Kompetenzmaximum das stärkste Teammitglied als entscheidend erachtet. Wählt man das Kompetenzminimum, geht man davon aus, dass alle Teammitglieder ein bestimmtes Maß der jeweiligen Kompetenz benötigen, damit das Team erfolgreich sein kann.

Darüber hinaus muss die Teamleistung messbar gemacht werden. Das geschieht in der Regel, indem die Teamleitung oder eine andere Person die Leistung des Teams bewertet. Dabei ist zu beachten, dass die Teamleistung mehrere Facetten umfassen kann. Wir unterscheiden die Teamleistung allgemein, die Effizienz und die Kreativität des Teams. Ein Team, das sehr effizient arbeitet und beispielsweise Fristen einhält, ist nicht automatisch auch kreativ, und ein Team, das kreative Lösungen entwickelt, arbeitet nicht immer effizient.

Ob Teams gut funktionieren, lässt sich auch an Teamkonflikten ablesen. Konflikte im Team schmälern tendenziell die Leistungsfähigkeit, wobei empirische Studien zeigen, dass das nicht für alle Formen von Konflikten gilt. Wir unterscheiden drei Arten von Konflikten, die einzeln oder auch zusammen auftreten können. Aufgabenkonflikte beschreiben fachliche Auseinandersetzungen über die Gruppenaufgabe oder aufgabenbezogene Entscheidungen. Prozesskonflikte beziehen sich auf Meinungsverschiedenheiten über die Aufgabenverteilung und die Vorgehensweise. Beziehungskonflikte entstehen aufgrund wahrgenommener persönlicher Differenzen und sind emotionaler Natur. Während Prozess- und Beziehungskonflikte die Teamleistung in der Regel schmälern, können sich Aufgabenkonflikte positiv auf die Teamleistung auswirken, wenn sich die Teammitglieder tatsächlich nur über die Aufgabe streiten, sich aber ansonsten gut verstehen.

Die Analysen der linearen Zusammenhänge zwischen verschiedenen Teammaßen der acht Kompetenzen und den unterschiedlichen Leistungsindikatoren liefern drei wesentliche Erkenntnisse für die Entwicklung prädiktiver Kompetenzmodelle. Erstens unterscheiden sich die Kompetenzen, die in einem systematischen linearen Zusammenhang mit der Effizienz eines Teams stehen, von denen, die systematisch mit Kreativität assoziiert sind. So fördert beispielsweise eine ausgeprägte Neigung, Neues auszuprobieren (Exploration als Indikator für Analysieren & Ausführen) eines oder aller Teammitglieder die Kreativität des Teams, steht aber in keinem direkten linearen Zusammenhang mit der Effizienz oder der allgemeinen Teamleistung. Andere Kompetenzen beeinflussen die Teamleistung eher indirekt, indem sie Teamkonflikte begünstigen oder reduzieren. Je höher beispielsweise die maximale kollektive Orientierung im Team ist, desto geringer fallen Aufgaben- und Prozesskonflikte aus. Ein direkter Zusammenhang zwischen kollektiver Orientierung im Team und der Teamleistung ist jedoch nicht zu beobachten. Daraus folgt, dass Unternehmen, die ein prädiktives Kompetenzmanagement etablieren wollen, verschiedene Leistungsindikatoren berücksichtigen sollten, weil unterschiedliche Leistungsdimensionen (z. B. Effizienz versus Kreativität) spezifische Kompetenzen erforderlich machen.

Die zweite wesentliche Erkenntnis bezieht sich darauf, dass mehr nicht automatisch besser für die Teamleistung ist. In einigen Fällen reicht es offenbar aus, dass ein Teammitglied eine möglichst hohe Ausprägung einer Kompetenz aufweist. Es ist demnach nicht erforderlich, dass alle Teammitglieder über ein hohes Maß an dieser Kompetenz verfügen. Dies gilt beispielsweise für den Antrieb, sich weiterzuentwickeln und neue Fähigkeiten zu erlernen (Zielorientierung – Lernen). Die Effizienz eines Teams ist umso höher, je größer der maximale Antrieb zu lernen ist, während der durchschnittliche Antrieb zu lernen nicht mit der Teameffizienz zusammenhängt. In anderen Fällen kommt es auf das schwächste Teammitglied an. Je höher beispielsweise die Beharrlichkeit (Grit) des am wenigsten beharrlichen Teammitglieds ist, desto höher die allgemeine Teamleistung. In Bezug auf manche Kompetenzen ist es entscheidend, wie ähnlich sich die Teammitglieder sind. Je ähnlicher sich die Teammitglieder in ihrem Streben nach Einfluss sind (Machtmotiv), desto wahrscheinlicher sind Beziehungskonflikte. Umgekehrt gilt: je ähnlicher sich die Teammitglieder bezüglich der Resilienz sind, desto geringer sind Beziehungskonflikte im Team. Um Beziehungskonflikte zu vermeiden, sollten Teams demnach so zusammengestellt werden, dass sich die Teammitglieder in ihrem Streben nach Einfluss, nicht aber in ihrer Resilienz unterscheiden. Interessanterweise zeigen die Ergebnisse auch, dass es unter Umständen ein Zuviel geben kann. Teams, in denen eine Person in besonders hohem Maß nach Einfluss strebt, schneiden schlechter in Bezug auf die allgemeine Leistung und die Effizienz ab. Diese Erkenntnisse machen deutlich, dass ein prädiktives Kompetenzmanagement für Teams komplexer ist als für Individuen, denn es kommt nicht immer auf die Kompetenzen der einzelnen Teammitglieder an, sondern auf das Zusammenspiel der Kompetenzen im Team. Unternehmen sollten verschiedene Aggregationsmöglichkeiten der Kompetenzen auf Teamebene berücksichtigen und bei der Zusammenstellung von Teams darauf achten, ob es auf alle Teammitglieder, auf das schwächste oder stärkste Teammitglied ankommt, oder ob sich die Mitglieder in Bezug auf bestimmte Kompetenzen eher ähneln oder unterscheiden sollten.

> *„Die Aggregationsmodelle liefern uns differenzierte Ansätze für die Zusammenstellung von Teams. Es macht einen großen Unterschied, ob alle im Team eine bestimmte Kompetenz haben müssen, ob es ausreicht, dass eine Person besonders kompetent ist, oder ob sich die Teammitglieder ähneln sollten, damit ein Team gut arbeitet.“*
>
> *(Christian Goebel, Vice President Human Resources, BHTC)*

Die dritte Erkenntnis ist, dass wir in vielen Fällen keinen systematischen linearen Zusammenhang zwischen einzelnen Teamkompetenzen und der Teamleistung sehen. Daraus ergeben sich zwei Schlussfolgerungen für ein prädiktives Kompetenzmanagement. Einerseits werden statistische Zusammenhänge oft erst sichtbar, wenn man eine hinreichend große Anzahl an Beobachtungen hat. Das bedeutet, dass Unternehmen Kompetenzdaten für eine Vielzahl von Teams sammeln müssen, um eine ausreichende Datenbasis für statistische Analysen zu schaffen. Damit das gelingt, sollten Unternehmen auf allgemeine Kompetenzmodelle setzen, die für ein breites Spektrum an Aufgabengebieten über einen längeren Zeitraum in unveränderter Form eingesetzt werden können. Andererseits liefern unsere Ergebnisse Hinweise darauf, dass Kompetenzen nicht einzeln und unabhängig voneinander auf die Teamleistung wirken, sondern dass die Teamleistung stärker von spezifischen Kompetenzkombinationen abhängt. Daraus folgt, dass Unternehmen Analyseverfahren einsetzen sollten, die in der Lage sind, diese erfolgsrelevanten Kompetenzprofile zu identifizieren (siehe dazu Abschn. 4 und 5).

3 Wie kann und soll man messen?

Wenn Unternehmen evidenzbasierte Entscheidungen treffen wollen, sind belastbare, akkurate Messungen unerlässlich. Auf der anderen Seite muss selbstverständlich mitbedacht werden, dass die Messung auch effizient sein muss, d. h. der Mehrwert durch die Messung muss die Kosten der Messung übersteigen. Im schlimmsten Fall werden enorme personelle Ressourcen durch die Kompetenzmessung gebunden und dennoch die Kompetenzen der Mitarbeitenden nur unzureichend erfasst. Um die Messqualität und den Aufwand abschätzen zu können, werden im Folgenden sowohl die Instrumente als auch die Durchführung betrachtet.

In vielen Unternehmen werden die Metakompetenzen einmal bei der Einstellung, oft durch °psychometrische Tests, abgeprüft, und dann im weiteren Verlauf des Erwerbslebens selten bis gar nicht mehr betrachtet. Wenn überhaupt, erfolgen Kompetenzmessungen häufig sogar zusammen mit der Leistungsbeurteilung durch den Vorgesetzten, und oft am Ende eines Jahres. Viele Unternehmen verzichten auch ganz auf eine regelmäßige Kompetenzmessung und erheben Kompetenzen unregelmäßig nur zu besonderen Anlässen.

Wenn die Kompetenzmessung zur Personalauswahl auf psychometrische Tests und Skalen zurückgreift, ist sie grundsätzlich eher als objektiv, reliabel und valide einzustufen. Unter Objektivität versteht man dabei die Frage, ob die Messung unabhängig von Beurteilenden und Beurteilten erfolgt. Unter Reliabilität versteht man die Zuverlässigkeit der Messung, also ob ein Messinstrument unter gleichen Bedingungen auch zum gleichen Ergebnis gelangt. Unter Validität versteht man, ob das Instrument auch misst, was es messen soll. Wichtig ist, dass die drei Maße psychometrischer Tests durch Psycholog:innen zwar häufig als gegeben angenommen werden, dies aber in der Forschung doch sehr umstritten ist, da viele psychometrische Testbatterien überlappen und dann doch ungenau sein können. Zudem wird kritisch diskutiert, ob die Einschätzung durch eine Person (den Psychologen, die Psychologin oder auch den Vorgesetzten oder die Vorgesetzte) oder durch die Mitarbeitenden selbst nicht schon alleine dazu führt, dass die Messungen womöglich deutlich verzerrt sein könnten. Gleichzeitig sind professionelle Tests recht teuer und aufwendig, sodass die meisten Unternehmen auch diese Tests nicht regelmäßig anwenden. Somit können auch Kompetenzentwicklungen und -veränderungen über die Zeit nicht abgebildet werden, da gegebenenfalls immer andere Testinstrumente zum Einsatz kommen, die nicht einfach kalibriert werden können.

Im weiteren Verlauf greifen viele Unternehmen auf Evaluationsbögen zurück, die durch die Mitarbeitenden und die Vorgesetzten ausgefüllt werden. Hier ist zunächst problematisch, dass die Fragen oft nicht klar abgegrenzt und weder objektiv, noch reliabel oder valide sind. Häufig werden Fragen rhetorisch formuliert und so gestellt, dass die Mitarbeitenden für eine Antwort in eine bestimmte Richtung gedrängt werden, oder es werden mehrere Bereiche in einer Frage abgefragt. Dies schmälert die Messqualität erheblich. Zudem sind Vorgesetzte oft nicht in der Lage, die Kompetenzen der Mitarbeitenden korrekt einzuschätzen. Zum einen sind sie in der Regel keine geschulten Beobachtenden. Zum anderen verbringen sie häufig zu wenig Zeit in hinreichend unterschiedlichen Situationen mit den Mitarbeitenden, um eine qualifizierte Beurteilung vornehmen zu können.

Darüber hinaus beurteilen Vorgesetzte ihre Mitarbeitenden aber vor allem zu milde. Der Grund hierfür ist die Angst der Vorgesetzten, dass schlechte Einschätzungen die Mitarbeitenden vielleicht demotivieren. Häufig haben die Vorgesetzten die Mitarbeitenden auch selbst ausgewählt und würden sich einen Auswahlfehler eingestehen müssen, wenn sie im Verlauf schlechte Kompetenzausprägungen feststellten. Darüber hinaus werden in vielen Unternehmen die Kompetenzbewertungen zwischen Mitarbeitenden und Vorgesetzten diskutiert, schlechte Bewertungen würden den Vorgesetzten oder die Vorgesetzte dann in Rechtfertigungsdruck bringen. Außerdem neigen Vorgesetzte dazu, die Mitarbeitenden sehr ähnlich zu bewerten, weil starke Differenzierungen zwischen zwei Mitarbeitenden den Rechtfertigungsdruck noch erhöhen würden (Kompression). Die beiden Effekte (Milde und Kompression) führen schließlich zu wenig aussagekräftigen Kompetenzevaluationen: In der Regel würde man bei einer Kompetenzverteilung im Unternehmen eine Normalverteilung erwarten im Sinne einer Gaußschen Glockenkurve: wenige Mitarbeitende werden sehr gut bewertet, wenigen Mitarbeitenden werden geringe Kompetenzen attestiert, und die meisten Mitarbeitenden erhalten eine durchschnittliche Bewertung. Durch die Vorgesetztenbeurteilung finden sich jedoch eher stark schiefe Verteilungen, in denen sehr gute Beurteilungen und gute Beurteilungen deutlich überproportional vertreten sind und etwa 90 % der Fälle ausmachen.

Solche freundlichen Kompetenzeinschätzungen sind kein Problem, wenn es das Ziel des Unternehmens war, dass sich am Ende fast alle freuen. Wenn das Ziel aber war, einen realitätsnahen Überblick über die Kompetenzen zu erlangen um Lücken zu schließen oder Mitarbeitende mit den geeigneten Kompetenzprofilen zu befördern oder für Teamarbeiten auszusuchen, dann sind die Verfahren, die sich hauptsächlich auf eine Beurteilung durch den Vorgesetzten oder die Vorgesetzte verlassen, nicht geeignet und zudem viel zu teuer und aufwendig gegenüber der schlechten Messqualität.

„Wir denken genauer darüber nach, warum wir welche Messungen und Umfragen eigentlich machen, was wir herausfinden wollen und ob die erwartete Messgenauigkeit angemessen ist.“

(Uwe Bröker, Management, S&N Invent GmbH)

Neben den quantitativen Verfahren werden in manchen Unternehmen auch qualitative Verfahren eingesetzt, innerhalb derer offene Gespräche über Kompetenzeinschätzungen geführt werden. Diese Gespräche sind sinnvoll, weil sie anders als rein quantitative Verfahren auch Begründungen liefern und somit zwischen den Gesprächspartnern (z. B. zwischen HR, Mitarbeitenden und Vorgesetzten) besser Verständnis aufgebaut und Einigkeit erzielt werden kann. Die Gespräche, häufig als Entwicklungsgespräche bezeichnet, sind allerdings auch recht aufwendig und bergen das Problem, dass die generierten Daten nicht standardisiert vorliegen und daher nicht quantitativ ausgewertet werden können. Zudem können Biases die Messungen stark verzerren.

Wir schlagen als Lösung für das Problem der Kompetenzmessung ein neuartiges Verfahren vor, das qualitative und quantitative Methodik miteinander kombiniert und dadurch eine Reduzierung der Nachteile der bestehenden Messmethoden erreicht. Ein Grund für die mangelnde Zuverlässigkeit der Messung ist aktuell, dass die Messungen nur von einer Person, in der Regel dem Vorgesetzten oder der Vorgesetzten, durchgeführt werden. Dies ist problematisch, weil äußere Einflüsse die Kompetenzmessung überlagern können. Wir schlagen daher vor, die Messungen auf verschiedene Personen zu verteilen und zum Beispiel auch die Einschätzungen von Kolleg:innen oder Teammitgliedern hinsichtlich der einzelnen Kompetenzen einzuholen und zudem auch generell häufiger als einmal im Jahr zu befragen. Insbesondere eine höhere Dichte der Informationen aus verschiedenen Perspektiven und zu verschiedenen Zeitpunkten könnte eher ein umfassendes Bild liefern und damit die Messqualität deutlich erhöhen.

Zugleich möchten wir die Messung günstiger machen. In unserem Prototyp einer Kompetenzmessung sehen wir daher keine langen Fragebögen mehr vor, sondern kurze, eingesprochene Texte im Sinne von Sprachnachrichten, in denen die Mitarbeitenden übereinander sprechen und jeweils ihre Kompetenzen bewerten. Dies unterscheidet sich im Prinzip nicht von einem 360-Grad-Feedback, einem lang etablierten Instrument, alleine die Interaktionsmodalität würde angepasst.

Schließlich nutzen wir Machine Learning, genauer Natural Language Processing, um einerseits zu erkennen, welche Kompetenzen die Sprechenden erläutern, und um andererseits auch einen Notenwert mit dem Sprechtext zu verknüpfen. Unsere semantischen Analysen zeigen, dass sowohl Inhalt als auch Einschätzung grundsätzlich bereits durch unseren Prototypen gut erkannt werden. Ein Modell haben wir durch einen großen Datensatz an Einschätzungen trainiert, dessen Zuverlässigkeit bereits bei etwa 90 % liegt. Dies betrifft sowohl den Inhalt als auch die Note (siehe Abschn. 4).

> *„In vielen Bereichen, wie zum Beispiel der Analyse von Jahresabschlüssen, kann eine semantische Analyse Mehrwert schaffen. Dieses Wissen übertragen wir auf Kompetenzmessungen."*
>
> *(Uwe Bröker, Management, S&N Invest GmbH)*

Unsere Validierung zeigt, dass durch diese Methode eine deutlich höhere Streuung zwischen Mitarbeitenden mit einer hohen und einer geringen Kompetenzausprägung realisiert werden kann. Insbesondere sehr hohe und sehr niedrige Kompetenzausprägungen werden dabei deutlich besser erkannt als bei einem Verfahren, welches Notengebung durch den Vorgesetzten inkludiert. Durch die gesprochenen Texte müssen die Einschätzungen begründet werden, sodass im Rohdatensatz nicht nur Noten, sondern auch konkrete Beispielsituationen und Vorschläge enthalten sind.

Das Verfahren der semantischen Analyse steckt aktuell noch in den Kinderschuhen und insbesondere eine Validierung inklusive einer „ground truth" (also des wahren Wertes) ist nicht trivial. Dennoch denken wir, dass das Verfahren sehr viele Vorteile aufweist, weil es nach anfänglich hohen Kosten für die Entwicklung und das Training des Algorithmus sehr geringe variable Kosten für jede weitere Datenerhebung und -analyse aufweist und gleichzeitig die Messqualität deutlich verbessert. Die aktuell in Unternehmen verbreiteten Verfahren sind relativ teuer und führen zu einer eher schwachen Messqualität.

4 Wie kann man Kompetenzprofile und ihre Wirkung analysieren?

Unternehmen sprechen häufig von „Kompetenzprofilen" und meinen damit spezifische Kombinationen bestimmter Einzelkompetenzen. Um solche Kompetenzprofile darzustellen, nutzen Unternehmen heute oft visuelle Methoden wie etwa das Spinnendiagramm, in dem z. B. die Ausprägungen eines Great-Eight-Modells für einzelne Mitarbeitende als unregelmäßiges Achteck dargestellt werden können. In der Forschung werden die Daten aus der Kompetenzmessung häufig mit statistischen Methoden wie der Korrelation oder Regressionsanalyse ausgewertet. Diese erfassen meist lineare Zusammenhänge z. B. zwischen Kompetenzen oder zwischen einer Kompetenz und dem Teamerfolg. Solche Methoden liegen auch den in Abschn. 3 und 4 zusammengefassten Ergebnissen zugrunde. Sie erfassen jedoch die Kompetenzen in der Regel nicht als Profil oder Kombination. Zwischen dem Profildenken der Unternehmenspraxis und dem bislang dominierenden, linearen Denken der Forschung besteht somit ein Widerspruch.

Wir schlagen daher eine Methodik vor, die sowohl in Forschung als auch in der Praxis dazu genutzt werden kann, Kompetenzprofile als solche sichtbar zu machen und auf vielfältige Weise auszuwerten: Welche Typen von Kompetenzprofilen kommen unter den Mitarbeitenden wie oft vor? Welche Kompetenzprofile besitzt ein Team aus bestimmten Mitgliedern? Sind Teams mit bestimmten Kompetenzprofilen besonders kreativ, andere eher effizient? Die Methodik, die wir vorschlagen, nutzt die Qualitative Comparative Analysis (QCA). Die QCA umfasst einerseits einen Werkzeugkasten zur Auswertung von Daten, andererseits eine konfigurationelle Denkweise. Die QCA nimmt den konfigurationellen Charakter von Kompetenzen ernst. Kompetenzprofile sind Konfigurationen, Gestalten, Typen, Bündel oder Arrangements, bei denen das Ganze oft mehr ist als die Summe seiner Teile. Das gilt für Kompetenzprofile einzelner Mitarbeitenden, erst recht jedoch für die Kompetenzprofile von Teams. Wie bereits erwähnt, können Teams manchmal dann erfolgreich sein, wenn nur ein Teammitglied über eine Kompetenz verfügt, manchmal jedoch müssen alle Teammitglieder diese Kompetenz besitzen. Zudem ist häufig die Kombination verschiedener Kompetenzen im Team für den Erfolg verantwortlich. Wenn solche komplexen Zusammenhänge vorliegen, kommen lineare Methoden wie etwa Korrelationen an ihre Grenzen.

„Wenn wir jemanden einstellen oder Projektteams zusammenstellen möchten, suchen wir oft Beschäftigte mit bestimmten Kompetenzprofilen, nicht Einzelkompetenzen. Uns hilft es sehr zu sehen, wie man mit recht einfachen Verfahren Kompetenzprofile identifizieren und auswerten kann."

(Melanie Amelunxen, Head of Personnel and Organizational Development, Weidmüller)

Die QCA wird in der Forschung immer häufiger verwendet, doch für die praxisnahe Auswertung von Kompetenzmodellen ist sie bislang noch nicht genutzt worden. Die QCA-Methodik beruht auf Boolscher Algebra und Mengenlehre. Einige technischere Aspekte der Methodik werden in Abschn. 5, in dem das Vorgehen entfaltet wird, näher erläutert. An dieser Stelle soll anhand der wesentlichen Schritte die Logik des Vorgehens umrissen werden.

1. Schritt: Rohwerte kalibrieren

Einzelne Kompetenzmessungen liegen als metrische Rohwerte vor. Die QCA zwingt uns dazu zu entscheiden, bei welchen Messwerten man sagen kann, dass die Kompetenz als vorhanden bezeichnet werden kann oder eben nicht. Es resultieren „kalibrierte" Werte für einzelne Kompetenzen. Ein kalibrierter Wert von 1 bedeutet, dass die Kompetenz vollständig vorhanden ist, ein kalibrierter Wert von 0, dass die Kompetenz gar nicht vorhanden ist. Zentral ist dabei festzulegen, ob die Kompetenz eher vorliegt als dass sie nicht vorliegt – ob sie also über oder unter dem kalibrierten Wert von 0,5 liegt. Wenn Grit auf einer 5er-Skale gemessen wird, könnte z. B. entschieden werden, dass ein Rohwert von 4 den Unterschied zwischen Existenz und Nichtexistenz der Kompetenz ausmacht. Da psychometrische Skalen häufig positiv verzerrt sind, kann solch eine striktere Grenze für die Existenz einer Kompetenz angemessen sein. Hier kommt es auf das Urteil der Expert:innen im Unternehmen entscheidend an.

2. Schritt: Idealtypische Kompetenzprofile mit vorhandenen Kompetenzprofilen vergleichen

Der Profil- oder Bündelcharakter individueller Kompetenzprofile kann anhand einer Wahrheitstabelle dargestellt werden. Die kalibrierten Werte werden dabei auf die beiden Werte 1 und 0 weiter reduziert. Jede Spalte der Tabelle enthält den Wert für eine Kompetenz, jede Zeile beschreibt ein Kompetenzprofil als Idealtyp. Bei einem Modell mit vier Kompetenzen ist es möglich, dass alle Kompetenzen vorhanden (also über dem Wert von 0,5) sind; alle Kompetenzen erhalten den Wert 1 (1111). Andere Idealtypen sind etwa ein Kompetenzprofil, bei dem keine der Kompetenzen vorhanden ist (0000) oder die zweite (0100) vorhanden ist. Bei vier Kompetenzen spannt die Wahrheitstabelle einen Raum mit 16 verschiedenen idealtypischen Kompetenzprofilen auf. Praktischerweise gilt: Jeder Mitarbeitende kann (nach Messung und Kalibrierung der Kompetenzen) genau einem der idealtypischen Kompetenzprofile zugeordnet werden.

Mit einer Wahrheitstabelle der relevanten Kompetenzen können wichtige Fragen beantwortet werden. Wie viele Mitarbeitende entsprechen in ihrem Profil welchem der idealtypischen Kompetenzprofile? Wie viele Beschäftigte bringen eine Kombination zweier Kompetenzen wie Grit und Resilienz mit (wobei die übrigen Kompetenzen als irrelevant betrachtet werden)?

3. Schritt: Kompetenzprofile auf Teamebene festlegen

Wie stellt sich ein Kompetenzprofil auf Teamebene dar und wie ergibt es sich aus den einzelnen Kompetenzprofilen der Teammitglieder? Diese Fragen betreffen das Aggregationsproblem. Mithilfe der QCA bietet es sich an, Kompetenzprofile auf neue Art zu aggregieren, nämlich anhand einer einfachen Unterscheidung: Müssen alle Teammitglieder eine bestimmte Kompetenz aufweisen? Oder genügt es, wenn nur ein einziges Teammitglied die Kompetenz besitzt? Im ersten Fall liegt es nahe, das Minimum der kalibrierten Werte aller Teammitglieder als Wert für die Kompetenz des gesamten Teams zu nutzen. Dahinter steckt die Vermutung, dass das schwächste Glied das Kompetenzniveau für das gesamte Team bestimmt. Im zweiten Fall, in dem nur ein Mitglied die Kompetenz besitzen muss, liegt es nahe, das Maximum der kalibrierten Werte aller Teammitglieder als Wert für die Kompetenz auf Teamebene zu nutzen. Der „Beste" im Team legt damit den Kompetenzwert für das gesamte Team fest. Die Frage der Aggregation – Minimum oder Maximum – kann für verschiedene Kompetenzen unterschiedlich beantwortet werden.

Auf Basis der aggregierten Teamwerte können sich nun Analysen mit Wahrheitstabellen anschließen, wie in Schritt 2 angedeutet, aber nun auf Teamebene. Damit lassen sich Fragen beantworten wie: Welche der Teams entsprechen einem bestimmten Soll-Profil der Kompetenz? Es könnte beispielsweise ein Team gesucht werden, das kreativ erfolgreich sein könnte, weil es hohe Exploration aller (Minimum) und ein hohes Grit mindestens eines Mitglieds (Maximum) kombiniert. Wie ändert sich das Kompetenzprofil des Teams, wenn ich ein bestimmtes Mitglied durch ein anderes ersetze? Wie viele unserer festen Teams besitzen ein Profil, das es ihnen erlaubt, alle möglichen Teamprojekte erfolgreich zu gestalten?

4. Schritt: Kompetenzprofile, die Teamerfolg erklären, aufdecken

Der Werkzeugkasten der QCA erlaubt es, systematische Bezüge zwischen den Kompetenzprofilen der Teams und den KPIs zu ermitteln. Das setzt voraus, dass aussagekräftige Erfolgsmaße für Teamarbeit und eine ausreichend hohe Zahl von Teamprojekten vorliegen. Ähnlich wie die Kompetenzen, die nun als Bedingungen betrachtet werden, müssen auch die Erfolgsmaße kalibriert werden. Es muss also z. B. festgelegt werden, ab welchem Rohwert ein Projekt als kreativ oder effizient gelten soll. Dann können verschiedene Boolsche Operationen mit den kalibrierten Erfolgs- und Kompetenzwerten dazu genutzt werden, (Kausal-)Zusammenhänge aufzudecken – hier verspricht die QCA andere Aussagen als die in der Literatur verbreiteten Korrelations- und Regressionsanalysen.

Die QCA erlaubt es erstens, *notwendige* Einzelkompetenzen zu identifizieren. Gibt es eine Teamkompetenz, die in Projekten mit hoher Effizienz immer vorhanden ist? In den Analysen mit selbst erhobenen Teamdaten (siehe Abschn. 3 und 5) zu den Great-Eight finden wir beispielsweise, dass die Anwesenheit einer kollektiven Orientierung aller Teammitglieder als eine notwendige Bedingung für die Effizienz eines Teams zu betrachten ist. Wenn das nicht vorhanden ist, beobachten wir praktisch nie eine hohe Effizienz. Allerdings ist die Bedingung nur notwendig, nicht hinreichend. Alleine genügt sie nicht, um eine hohe Effizienz zu gewährleisten. Die QCA erlaubt es zweitens, nach Kompetenzprofilen zu suchen, die *hinreichend* für den Teamerfolg Effizienz sind. „Hinreichend" bedeutet dabei, dass alle Teams, die dem jeweiligen Kompetenzprofil entsprechen, auch wirklich eine hohe Effizienz aufweisen. Unsere Analyse deckt unter anderem ein Kompetenzprofil auf, das hinreichend ist für Effizienz: Hohe kollektive Orientierung aller Teammitglieder verbunden mit hohem Grit aller Teammitglieder verbunden mit niedriger Exploration aller Teammitglieder. Ist diese Kombination vorhanden, ist das ein zuverlässiges Erfolgsrezept für eine hohe Effizienz.

Korrelations- und Regressionsanalysen können nicht zwischen notwendiger und hinreichender Verursachung unterscheiden. Sie gehen von linear-additiver Verursachung aus: Ein wenig mehr von einer bestimmten Teamkompetenz führt zu etwas mehr Teamerfolg – und zwar unabhängig davon, wie die anderen Teamkompetenzen ausgeprägt sind. Das entspricht nicht der Vorstellung von Kompetenzprofilen, die synergetisch den Teamerfolg bestimmen.

Kausalanalysen mit der QCA fassen den synergetischen Charakter besser, weil die QCA nicht linear-additive Verursachung, sondern komplexe Verursachung herausarbeitet. Dabei meint „komplex" nicht notwendigerweise „kompliziert", sondern bezieht sich auf mindestens zwei Phänomene: Erstens kann eine einzelne Kompetenz alleine meist nicht einen hohen Teamerfolg hinreichend erklären. Das ist meist nur möglich mit einer *Kombination* mehrerer Kompetenzen, mit einem Kompetenzprofil als Erfolgsrezept. Zweitens existieren oft mehrere Erfolgsrezepte für ein und dasselbe Ergebnis, so wie sprichwörtlich viele Wege nach Rom führen. Damit lässt sich zum Beispiel aufdecken, wie sich Kompetenzen gegeneinander ersetzen lassen und welche Kompetenzen irrelevant sind.

Beide Phänomene lassen sich mit unseren Ergebnissen erläutern. Wir finden zwei alternative Erfolgsrezepte für eine hohe Kreativität. Rezept 1 verbindet eine hohe kollektive Orientierung aller Teammitglieder mit hoher Exploration aller Teammitglieder. Rezept 2 verbindet eine hohe kollektive Orientierung aller Teammitglieder mit einer hohen Resilienz aller Teammitglieder. Beide Erfolgsrezepte sind komplex im Sinne von konfigurationell – nicht eine einzelne Kompetenz, sondern eine spezielle Kombination von Kompetenzen ist hinreichend mit einer hohen Teamkreativität verbunden. Allerdings gibt es nicht nur ein Erfolgsrezept, sondern zwei verschiedene. Interessanterweise ist eine hohe kollektive Orientierung in beiden vorhanden, die beiden übrigen Kompetenzen nur in jeweils einem Rezept. Mit anderen Worten, hier können eine hohe Exploration und eine hohe Resilienz als substitutiv betrachtet werden – sie können sich gegeneinander ersetzen, um zu hoher Teamkreativität beizutragen. Es zeigt sich auch, dass Kompetenzen irrelevant sein können. Obwohl Grit in unserem QCA-Modell ebenfalls enthalten war, spielt ein hohes oder niedriges Grit keine Rolle bei der Erklärung eine hohen Teamkreativität.

> *„Die QCA-Methodik ermöglicht es unterschiedliche Erfolgsrezepte für Projektteams zu identifizieren, bei denen sich Kompetenzen zum Teil auch substituieren können. Es macht ja Sinn, dass es mehrere Möglichkeiten gibt, Teams optimal zu besetzen."*
>
> *(Christian Goebel, Vice President Human Resources, BHTC)*

Indem die QCA-Methodik solche Zusammenhänge in den Kompetenzmodellen aufdeckt, kann sie auf einen gewissermaßen gelasseneren Umgang mit den Kompetenzmodellen hinwirken. Angesichts der vielen nicht-fachlichen Kompetenzen und Metakompetenzen, die diskutiert werden, besteht die Gefahr, davon auszugehen, Teams müssten allumfassende Kompetenzprofile aufweisen. Wie die QCA-Logik impliziert, ist eine solche Anforderung zu rigoros. Es gibt meist nicht das eine und alleinige Erfolgsrezept, und häufig müssen die Kompetenzen auch nicht maximal ausgeprägt sein. Das kann die Anforderungen an Personalentwicklung und Teamzusammensetzung merklich entspannen.

In Abschn. 5 illustrieren wir die oben beschriebenen vier Schritte anhand der selbst erhobenen Daten. Dabei zeigen sich jedoch nicht nur die Vorteile und das große Potenzial der QCA, sondern auch die beträchtlichen Anforderungen an die Daten. Wir sind in der Lage, mehrere klare Erfolgsrezepte für Teamarbeit zu identifizieren. Dass diese zwischen der Effizienz und der Kreativität als Erfolgsmaß unterscheiden, ist zudem höchst plausibel: Je nach Ziel werden andere Kompetenzprofile relevant. Allerdings ergeben sich in den Analysen auch Erfolgsrezepte, die auf den ersten Blick schwer zu interpretieren sind. Offensichtlich ist die Zahl von 50 Teams, zu denen uns Daten vorlagen, eher als Untergrenze für eine Zusammenhangsanalyse mithilfe der QCA zu betrachten – das gilt vor allem, wenn eine Vielzahl von Kompetenzen als relevant eingestuft und in die Betrachtung einbezogen werden. Insgesamt, so glauben wir, hat die QCA-Methodik jedoch großes Potenzial, die Auswertung von Kompetenzmodellen auf eine solide und praktikable Basis zu stellen.

5 Fazit

Vielen Unternehmen ist klar, dass Personal und Personalarbeit einen wesentlichen Beitrag zur Wertschöpfung liefern. Auch wissen Unternehmen, dass dem Personalmanagement eine entscheidende Funktion zukommt, da dieses das Personal für das Unternehmen rekrutiert und durch abgestimmte und zielgenaue Personalmaßnahmen zu einer höheren Motivation bei den Mitarbeitenden beiträgt. Bei Teams schätzt man weiter, dass gut funktionierende Teams etwa 20 % produktiver arbeiten als schlecht funktionierende Teams. Obgleich der Beitrag des Personals und der Personalarbeit für den Unternehmenserfolg so groß ist, erfolgt in vielen Unternehmen keine datenbasierte Analyse. Die geringe Nutzung von Optimierungsansätzen in der Personalarbeit ist daher oft der unzureichenden Datenbasis geschuldet.

Typischerweise ist die Personalarbeit das Schlusslicht bei der Digitalisierung. Datengestützte Verfahren wie HR Analytics werden nur selten eingesetzt. Stattdessen werden Daten recht häufig noch analog gesammelt und archiviert. Wenn digitale Tools zum Einsatz kommen, sind diese entweder sehr teuer und/oder aber von geringer Qualität, sodass die schlechte Messqualität den Einsatz nicht rechtfertigt. Vor dem Hintergrund international arbeitender Mitarbeitender, einer zunehmenden zeitlichen und räumlichen Entgrenzung der Mitarbeitenden z. B. aufgrund von Homeoffice und temporär befristeten Teams, müssen die Methoden des Personalmanagements zwingend datengetriebener und evidenzbasierter werden, um eine verlässliche Informationsbasis zu sichern, auf der kompetent und zielführend Entscheidungen für den Unternehmenserfolg getroffen werden können.

Kompetenzmodelle: Was wird gemessen?

Katharina Agethen und Anja Iseke

Inhaltsverzeichnis

Als Einstieg beleuchten wir einige Grundlagen zum Thema Kompetenzmodelle. Zunächst definieren wir den Kompetenzbegriff (Abschn. 3.1). Anschließend geben wir einen Einblick in Kompetenzmodelle der Wissenschaft und Praxis

(Abschn. 3.2) Hier gehen wir explizit auf das Great Eight-Kompetenzmodell ein, da dieses eines der populärsten, wissenschaftlich fundierten Kompetenzmodelle ist und als Referenzmodell für das im darauffolgenden Abschnitt entwickelte Kompetenzmodell dient. In Abschn. 3.3 identifizieren wir für den Teamerfolg maßgebende Kompetenzen und stellen einen zweistufigen Prozess vor, wie ein praktikables Kompetenzmodell gestaltet werden kann. Im Anschluss überprüfen wir den prädiktiven Wert der von uns identifizierten Kompetenzen für den Teamerfolg anhand einer empirischen Untersuchung (Abschn. 3.4). Dabei berücksichtigen wir, wie Kompetenzen auf Teamebene

K. Agethen (✉) · A. Iseke
Technische Hochschule Ostwestfalen-Lippe, Lemgo, Deutschland
E-Mail: katharina.agethen@th-owl.de

A. Iseke
E-Mail: anja.iseke@th-owl.de

K. Thommes et al. (Hrsg.), *Digitales und prädiktives Kompetenzmanagement*, Intelligente Technische Systeme – Lösungen aus dem Spitzencluster it's OWL, https://doi.org/10.1007/978-3-662-68838-0_3

aggregiert werden können. Abschließend fassen wir die zentralen Erkenntnisse zusammen (Abschn. 3.5).

1 Zum Kompetenzbegriff

Kompetenzen spielen in allen Unternehmen eine große Rolle. Allerdings besteht wenig Einigkeit darüber, was Kompetenzen genau sind (Erpenbeck et al., 2017; Le Deist & Winterton, 2005; Salman et al., 2020). Es existieren verschiedene Ansätze zur Definition von Kompetenzen.

Ganz allgemein versteht man unter Kompetenzen Selbstorganisationsdispositionen. Sie beinhalten Fähigkeiten zum selbstorganisierten Handeln und ermöglichen es Beschäftigten, komplexe Anforderungen zu bewältigen, Probleme eigenständig zu lösen und kreative Handlungsmöglichkeiten in neuartigen Situationen zu entwickeln und umzusetzen (Erpenbeck et al., 2017). Dieses Verständnis von Kompetenzen ist umfassend und abstrahiert von organisationalen und tätigkeitsbezogenen Besonderheiten. Es eignet sich daher besonders für die Entwicklung von Kompetenzmodellen für sich verändernde oder neuartige Jobs.

Kompetenzen schließen Fertigkeiten, Wissen und Qualifikationen ein, können jedoch nicht darauf reduziert werden (Erpenbeck & Rosenstiel, 2011a). Qualifikationen sind formale Nachweise von Wissen und Fertigkeiten, die für die Ausübung beruflicher Tätigkeiten erforderlich sind, um anforderungsorientiert handeln zu können (Erpenbeck & Sauter, 2015). Um Handlungsfähigkeit in volatilen, unsicheren, komplexen und mehrdeutigen (VUCA) Situationen zu erreichen, bedarf es neben Fertigkeiten, Wissen und Qualifikationen zudem Regeln, Werte und Normen (= „wissen warum“) zur Einordnung des selbstorganisierten Handelns (Erpenbeck & Rosenstiel, 2011b; Erpenbeck & Sauter, 2015). Grafisch kann die Beziehung zwischen Kompetenzen, Qualifikationen, Wissen und Fertigkeiten wie folgt verdeutlicht werden (Abb. 1).

Ähnlich verhält es sich mit Begriffen wie Persönlichkeitseigenschaften oder Motiven. Diese können Indikatoren für Selbstorganisationsdispositionen sein und somit einen Hinweis geben, ob eine Person in ziel- und ergebnisoffenen Situationen selbstorganisiert handeln wird oder das Potenzial hat, Selbstorganisationsfähigkeiten zu entwickeln (Bartram et al., 2002; Erpenbeck & Rosenstiel, 2011a; Lang-von Wins, 2011). Folglich können durch die Messung von Persönlichkeitseigenschaften oder Motiven Rückschlüsse auf Kompetenzen gezogen werden.

Die Selbstorganisationsfähigkeit kann sich auf verschiedene Handlungsdispositionen beziehen. Eine grundlegende Taxonomie liefert die Unterscheidung in vier Kompetenzklassen (Tab. 1) (Erpenbeck et al., 2017; Le Deist & Winterton, 2005; Lindner-Lohmann et al., 2023):

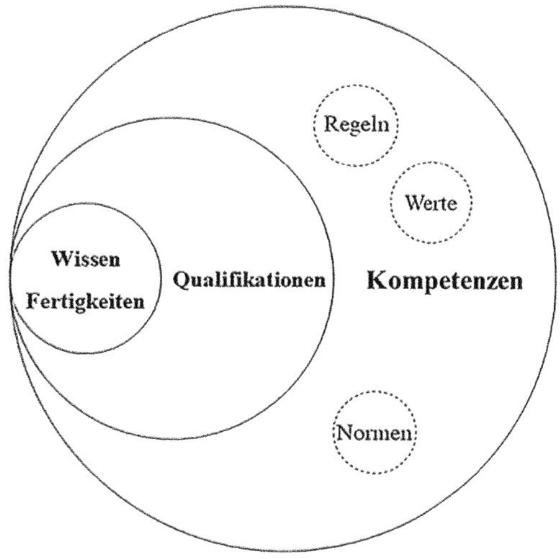

Abb. 1 Zusammenhänge zwischen Kompetenzen, Qualifikationen, Wissen und Fertigkeiten nach Erpenbeck und Kollegen (Erpenbeck et al., 2017)

Tab. 1 Kompetenzklassen und Kompetenzbeispiele

Kompetenzklasse	Beispiele
Personale Kompetenzen	Eigenverantwortung, Delegieren, Ganzheitliches Denken
Aktivitäts- und Handlungskompetenzen	Entscheidungsfähigkeit, Initiative, Ergebnisorientiertes Handeln
Sozial-kommunikative Kompetenzen	Kommunikationsfähigkeit, Kooperationsfähigkeit, Problemlösungsfähigkeit
Fachliche und methodische Kompetenzen	Fachwissen, Branchen-/Marktwissen, Organisationsfähigkeit, Analytische Fähigkeiten

- Personale Kompetenzen bezeichnen jene Dispositionen einer Person, um selbstorganisiert handeln zu können und das eigene Handeln zu reflektieren (Erpenbeck et al., 2017; Lindner-Lohmann et al., 2023).
- Aktivitäts- und Handlungskompetenzen beziehen sich auf jene Dispositionen zum aktiven, willensstarken und gesamtheitlichen Handeln mit Blick auf die Umsetzung von Absichten, Vorhaben oder Plänen. Diese Kompetenzen können sich nicht nur auf sich selbst, sondern auch auf Dritte (Team, Unternehmen) erstrecken (Erpenbeck et al., 2017).
- Zum Bereich der sozial-kommunikativen Kompetenzen gehören die Dispositionen, die zur Zusammenarbeit mit anderen Menschen befähigen, d. h. zu kooperieren und kommunizieren, sich teamorientiert zu verhalten und Neues zu entwickeln (Erpenbeck et al., 2017; Lindner-Lohmann et al., 2023).

- Fachlich-methodische Kompetenzen umfassen die Dispositionen, mit fachlichen Kenntnissen, Fertigkeiten und Fähigkeiten neuartige und komplexe Probleme eigenständig zu lösen und die Methoden selbst weiterzuentwickeln (Erpenbeck et al., 2017; Solga et al., 2011).

2 Bisherige Kompetenzmodelle

Die im deutschsprachigen Raum weitverbreiteten Kompetenzklassen konkretisieren den umfassenden Kompetenzbegriff, sind aber immer noch sehr allgemein. Daher greifen Unternehmen häufig auf Kompetenzmodelle zurück, die Kompetenzen noch konkreter fassen. Ein Kompetenzmodell beschreibt die für die Leistungserbringung notwendigen Kompetenzen – auf der Ebene von Mitarbeitenden, Teams, oder des gesamten Unternehmens (Krumm et al., 2012; North et al., 2018; Sauter & Staudt, 2016). Es benennt Beobachtungs- und Beurteilungsmerkmale sowie die Ausprägungshöhe der Kompetenzen (Sauter & Staudt, 2016). Wichtig ist, dass die gewählten Formulierungen über Bildungs- und Hierarchieebenen verständlich und möglichst selbsterklärend sind (North et al., 2018; Sauter & Staudt, 2016).

Aus organisationaler Sicht ermöglichen Kompetenzmodelle, die Handlungsfähigkeit der Beschäftigten im Hinblick auf die Vielfalt an organisationalen Prozessen und Interaktionen zwischen verschiedenen Akteuren (Netzwerke, Organisationseinheiten, Teams) zu beschreiben (Erpenbeck et al., 2013; Sauter & Staudt, 2016). Kompetenzmodelle zielen also darauf ab, relevante Kompetenzen zu definieren und zu systematisieren, die Beschäftigte befähigen, effektiv und erfolgreich in verschiedenen Organisationsstrukturen selbstorganisiert zu handeln. Darüber hinaus spiegeln sie die strategischen, organisationalen, strukturellen und prozessualen Voraussetzungen für den zukünftigen Unternehmenserfolg wider und sind damit gleichzeitig auch Zukunftsweiser für die Mitarbeitenden, um erfolgreich agieren zu können (Erpenbeck et al., 2013; Krumm et al., 2012; North et al., 2018).

Aus Personalmanagement-Sicht können Kompetenzmodelle in verschiedenen HR-Systemen Anwendung finden:

- *Personalauswahl:* Für die Auswahl von neuen Mitarbeitenden können Kompetenzmodelle dazu dienen, leistungsstarke von durchschnittlichen Mitarbeitenden zu unterscheiden (Campion et al., 2011). Sie erleichtern zudem die Identifikation von Bewerbenden, die über die erforderlichen Kompetenzen für eine bestimmte Position verfügen.
- *Personalentwicklung:* Kompetenzmodelle unterstützen bei der Feststellung von Entwicklungsbedarfen (Liebenow et al., 2020) und bei der Entwicklung von entsprechenden Trainings (Campion et al., 2011).

- *Leistungsbeurteilung:* Ein Kompetenzmodell kann als Grundlage für die Festlegung von Leistungsniveaus pro Kompetenz dienen (Campion et al., 2011). Dadurch wird die Bewertung der Mitarbeitendenleistung objektiver und transparenter, da die Kriterien und Maßstäbe für eine erfolgreiche Leistung deutlich definiert sind.
- *Karriereplanung:* Kompetenzmodelle können bei der Karriereplanung herangezogen werden, um die notwendigen Kompetenzen für die entsprechende Laufbahn zu identifizieren und ggf. gezielte Schritte zur Weiterentwicklung zu planen (Campion et al., 2011).
- *Beförderungen:* Im Rahmen von Beförderungsentscheidungen können Kompetenzmodelle für die Potenzialeinschätzung (Liebenow et al., 2020) genutzt und Beförderungskriterien festgelegt werden (Campion et al., 2011).
- *Vergütung:* Kompetenzmodelle können herangezogen werden, um Gehaltsunterschiede zwischen Arbeitsplätzen zu strukturieren oder Mitarbeitende zur Bewertung von Gehaltserhöhungen heranzuziehen (Campion et al., 2011; North et al., 2018).
- *Teamzusammensetzung:* Durch die Berücksichtigung von Kompetenzen bei der Zusammenstellung von Teams können die spezifischen Anforderungen berücksichtigt werden. So können zum Beispiel heterogene Teams geschaffen werden, die unterschiedlich in ihren Kompetenzen ausgeprägt sind, was Problemlösung und Kreativität fördern kann.

In der Unternehmenspraxis und in der Kompetenzforschung wurden – häufig unabhängig voneinander – eine Vielzahl von Kompetenzmodellen entwickelt. Im Folgenden stellen wir zunächst ein populäres Kompetenzmodell aus der Forschung vor und gleichen dieses mit Kompetenzmodellen aus der Unternehmenspraxis ab.

2.1 Kompetenzmodelle in der Forschung

In der Wissenschaft werden überwiegend generische Kompetenzmodelle entwickelt, die Schlüsselkompetenzen über alle Industrien, Sektoren, Funktionen und Ebenen hinweg einheitlich erfassen (Liebenow et al., 2014; Tett et al., 2000). Die wissenschaftlichen Kompetenzmodelle werden oftmals theoriegeleitet entwickelt (z. B. Heyse et al., 2019) und beziehen die inhaltliche Analyse bisheriger Kompetenzmodelle aus Wissenschaft und Praxis ein (z. B. Borman & Brush, 1993; Kurz & Bartram, 2002; Tett et al., 2000). Ebenso ist die Beurteilung und Sortierung der identifizierten Kompetenzen durch Fachexpert:innen ein wesentlicher Bestandteil bei der Entwicklung der Modelle (z. B. Borman & Brush, 1993; Tett et al., 2000).

Inhaltlich sind die wissenschaftlichen Kompetenzmodelle oftmals hierarchisch modelliert. Auf der obersten Ebene finden sich allgemeine Kernkompetenzen, die über eine oder mehrere darunterliegende Ebenen ausdifferenziert werden (vgl. Borman & Brush, 1993; Kurz & Bartram, 2002).

Eines der bekanntesten generischen Kompetenzmodelle ist das Great Eight-Kompetenzmodell von Bartram (2005), das im Folgenden kurz beschrieben wird, um die Logik von Kompetenzmodellen zu erläutern. Es stellt eine Schnittmenge verschiedener, bereits existierender Kompetenzmodelle dar und umfasst 20 spezifische Kompetenzen und 112 verhaltensbasierte Teilkompetenzen, die zu acht allgemeinen Kernkompetenzen, den Great Eight, zusammengefasst und dort als Kompetenzdomänen bezeichnet werden (Tab. 2).

Das Kompetenzmodell von Bartram (2005) geht davon aus, dass die Leistung von Beschäftigten anhand spezifischer Kriterien vorhergesagt werden kann. So lauten die Kriterien für die Kernkompetenz „Interagieren und Präsentieren": Kommuniziert und knüpft Kontakte effektiv; überzeugt und beeinflusst andere erfolgreich; geht selbstbewusst und entspannt mit anderen um. Dieser kriteriumsbasierte Ansatz steht damit im Gegensatz zum prädiktorbasierten Ansatz, der danach fragt, wie gut eine Kompetenz Verhalten oder Leistung vorhersagt (Bartram, 2005). Bartram setzt Kompetenzen und Verhalten gleich, indem

Tab. 2 Das Great Eight-Kompetenzmodell nach Bartram (Bartram, 2005)

Kompetenzdomäne	*Kompetenzdimension*
Führen & Entscheiden	Entscheiden und Handlung initiieren Führung und Überwachung
Gestalten & Konzipieren	Lernen und Forschen Gestalten und Innovieren Formulieren von Strategien und Konzepten
Anpassen & Bewältigen	Anpassen und Reagieren auf Veränderungen Bewältigen von Druck und Rückschlägen
Unterstützen & Kooperieren	Zusammenarbeit Einhalten von Grundsätzen und Werten
Interagieren & Präsentieren	Beziehungen und Netzwerke Überzeugen und Beeinflussen Präsentieren und Kommunizieren von Informationen
Analysieren & Interpretieren	Schreiben und Berichten Anwenden von Fachwissen und Technologie Analysieren
Organisieren & Ausführen	Planen und Organisieren Ergebnisse liefern und Kundenerwartungen erfüllen Befolgen von Anweisungen und Verfahren
Unternehmerisches Denken & Leistung bringen	Erreichen von persönlichen Arbeitszielen und –vorgaben Unternehmerisches und kommerzielles Denken

er Kompetenzen als Sammlung von Verhaltensweisen, die wesentlich für das Erbringen gewünschter Ergebnisse und Ziele sind, definiert (Bartram, 2005).

Empirisch konnte Bartram zeigen, dass die Great Eight-Kompetenzen einen Bezug zu den Big Five-Persönlichkeitseigenschaften haben. Die Big Five umfassen die Persönlichkeitsdimensionen Extraversion, Verträglichkeit, Offenheit für neue Erfahrungen, Gewissenhaftigkeit und emotionale Stabilität. Beispielsweise zeigen Personen mit einer hohen Ausprägung in Extraversion eine höhere Ausprägung der Kernkompetenz „Interagieren und Präsentieren" (Bartram, 2005).

Wenngleich der Einsatz des Great Eight-Kompetenzmodells in der Praxis aufgrund des Besitzes der Urheberrechte durch die SHL Group begrenzt ist, findet das Modell in der Forschung als Bezugsrahmen verbreitet Anwendung (z. B. Doblinger, 2022; Krumm et al., 2016).

Die in dem generischen Modell von Bartram genannten Kompetenzen sind differenzierter als die vier im deutschsprachigen Raum bekannten Kompetenzklassen, können aber den Kompetenzklassen zugeordnet werden, auch wenn die Zuordnungen nicht immer überschneidungsfrei sind (vgl. Tab. 3). So beziehen sich einzelne Kriterien für die Great Eight-Dimension „Gestalten & Konzipieren" auf personale Kompetenzen, während andere Kriterien dieser Dimension eher Aktivitäts- und Handlungskompetenzen beschreiben.

Tab. 3 Gegenüberstellung ausgewählter generischer und spezifischer Kompetenzmodelle

Kompetenzklassen	*Bartram (2005): Great Eight-Kompetenzmodell*	*Stevens and Campion (1994): Kompetenzen für Teamwork*	*Schmidt-Huber et al. (2014): Führungskompetenzen*
Personale Kompetenz / Aktivitäts-/ Handlungskompetenz	Führen & Entscheiden		Mitarbeitendenentwicklung
	Gestalten & Konzipieren		Strategieorientierung
Aktivitäts-/ Handlungskompetenz	Anpassen & Bewältigen		
Sozial-kommunikative Kompetenz	Unterstützen & Kooperieren	Kommunikation	
	Interagieren & Präsentieren	Konfliktlösung	Umfeldgestaltung; Persönliche Einflussnahme
Fach-/ Methodenkompetenz	Analysieren & Interpretieren	Kollaborative Problemlösung	
	Organisieren & Ausführen	Zielsetzung und Performance Management; Planung und Aufgabenkoordination	Ergebnissicherung
	Unternehmerisches Denken & Leistung erbringen		

Neben dem generischen Kompetenzmodell von Bartram (2005) existiert eine Vielzahl an weiteren wissenschaftlichen Kompetenzmodellen für spezifische Kontexte, z. B. für Teams (z. B. Du Chatenier et al., 2010; Kauffeld, 2006; Stevens & Campion, 1994), für Führungskräfte (z. B. Mumford et al., 2007; Schmidt-Huber et al., 2014) oder für spezifische Berufe (z. B. für Projektmanager, Cheng et al., 2005). Auch die kontextspezifischen Modelle überschneiden sich mit den Great Eight- Kompetenzen (vgl. Tab. 3). So wird die Kompetenz „Interagieren und Präsentieren" beispielsweise in den Kompetenzmodellen von Stevens and Campion (1994) oder Schmidt-Huber et al. (2014) aufgegriffen, ebenso wie die Kompetenz „Organisieren und Ausführen". Zwar können die Kompetenzen der spezifischen Modelle nicht immer eindeutig einer korrespondieren Kompetenz im Modell von Bartram (2005) zugeordnet werden, sie sind somit nicht trennscharf, unterstreichen dennoch die Berechtigung des generischen Modells.

Wissenschaftliche Kompetenzmodelle müssen sich auch einer gewissen Kritik mit Blick auf die Anwendung in der Praxis unterziehen. Wie bereits erwähnt, können einige Kompetenzmodelle nicht frei genutzt werden, da die Lizenzen bei kommerziellen Institutionen/ Beratungsunternehmen liegen (z. B. Bartram, 2005; Heyse et al., 2019). Hinzu kommt der fehlende Bezug zum Unternehmenskontext, den organisationalen Zielen, und die fehlende Verwendung der Unternehmenssprache. Die wissenschaftlichen Modelle müssten für einen Einsatz im Unternehmen entsprechend adaptiert werden. Darüber hinaus wurden die Modelle oftmals durch Synthese bestehender Modelle entwickelt und sind teilweise bereits vor mehr als zwei Jahrzehnten entstanden (z. B. Bartram, 2005; Stevens & Campion, 1994; Tett et al., 2000), sodass hinterfragt werden muss, inwiefern diese Modelle aktuelle und vor allem auch zukünftige Arbeitsplatzanforderungen berücksichtigen, wie beispielsweise digitale Kompetenzen, Zusammenarbeit in hybriden/ virtuellen Kontexten etc. Auch die Nutzungsfreundlichkeit ist kritisch zu sehen. So weisen Campion et al. (2011) darauf hin, dass es im Zweifel besser ist, ein einfaches, übersichtliches Kompetenzmodell zu haben, als eins, das aufgrund der Komplexität von den Mitarbeitenden ignoriert wird und sich in den verschiedenen HR-Systemen nicht wiederfinden lässt. Angesichts der z. B. in dem Modell von Bartram (2005) verwendeten 112 Teilkompetenzen oder 53 Kompetenzen von Tett et al. (2000) ist dieser Anspruch nur bedingt erreicht worden und weicht von den 10 bis maximal 40 empfohlenen Kompetenzen von Erpenbeck et al. (2013) ab. Zusätzlich gehen einige Kompetenzmodelle und deren Messung mit einem hohen Erhebungsaufwand einher. Die Modelle setzen oftmals auf psychometrische Testverfahren, bei denen z. B. die Befragungsinstrumente sehr umfassend sein können oder Verhalten anhand von Beobachtungen durch Expert:innen kodiert und ausgewertet wird. Diese Methoden können viel Zeit beanspruchen, die in den Unternehmen aufgrund knapper Ressourcen häufig nicht zur Verfügung steht (siehe Kap. 4). Daher ist die gezielte Auswahl von relevanten Kompetenzen für eine effiziente und praktikable, aber dennoch wissenschaftlich fundierte Messung in den Unternehmen notwendig.

Hinsichtlich der kontextspezifischen Kompetenzmodelle scheint ein Einsatz in der Praxis ebenfalls begrenzt. Die Modelle wurden oft losgelöst von einem generischen Modell entwickelt. Aus organisationaler Sicht ist es ein zweites (für Führungskräfte), oder gar ein drittes Modell (für Teams), das nicht mit dem generischen Modell konvergent ist, wenig praktikabel.

Auch wenn wissenschaftliche Kompetenzmodelle sich einer gewissen Kritik aussetzen müssen, so haben sie aufgrund ihrer theoretischen und psychometrischen Fundierung durchaus ihre Berechtigung. Daher nutzen wir das Great Eight-Kompetenzmodell von Bartram (2005) aufgrund seiner generischen Ausrichtung als Bezugsrahmen für die Entwicklung eines Kompetenzmodells für Teams.

2.2 Kompetenzmodelle in der Praxis

Unternehmen entwickeln oft eigene Kompetenzmodelle, um den für sie spezifischen Gegebenheiten und Anforderungen Rechnung zu tragen. Die Spezifikation erfolgt nicht nur im Hinblick auf die Auswahl der Kompetenzen, sondern auch auf deren Beschreibung. So soll der organisationale Kontext (Organisationskultur, Markt, Kund:innen, Mitarbeitende) integriert werden (Campion et al., 2011). Dabei kann die Anzahl und der Geltungsbereich von Kompetenzmodellen in Unternehmen sehr unterschiedlich sein. Während einige Unternehmen auf einen unternehmensweit geltenden Kompetenzrahmen setzen, nutzen andere Unternehmen mehrere Kompetenzmodelle für spezifische Funktionsbereiche (z. B. Einkauf, F&E), oder sogar für einzelne Rollen oder Positionen (z. B. Vertriebsleitung, Marketing, Management).

Ein unternehmensweit geltendes Kompetenzmodell schließt die allerwichtigsten, für alle Mitarbeitenden relevanten Kompetenzen ein (Erpenbeck et al., 2013). In der Regel umfasst es vorwiegend die personalen, sozial-kommunikativen und aktivitäts- und umsetzungsbezogenen Kompetenzen und keine oder nur wenige fachliche Kompetenzen (North et al., 2018). Die bereichs- oder positionsspezifischen Kompetenzmodelle weisen in der Regel eine hohe Übereinstimmung mit einem unternehmensspezifischen Kompetenzmodell auf (Erpenbeck et al., 2013), beinhalten aber oftmals weitere Kompetenzen, insbesondere fachlicher Art.

In Expert:inneninterviews mit Praxispartner:innen haben wir erfragt, was die Unternehmen unter einem Kompetenzmodell verstehen und welche Kompetenzen ihr eigenes Modell umfasst (Tab. 4). Dabei zeigt sich, dass einige der von uns befragten Unternehmen neben einem eigenen unternehmensweit geltenden Modell bereichs- oder rollenspezifische Kompetenzmodelle im Einklang mit dem allgemeinen Modell einsetzen, während andere Unternehmen nur job- oder rollenspezifische Kompetenzmodelle verwenden. Die spezifischen Kompetenzmodelle erschweren die Vergleichbarkeit über verschiedene Berufe, Rollen oder Unternehmensbereiche hinweg. Darüber hinaus ist der Bedarf, die spezifischen Kompetenzmodelle an neue Tätigkeiten, Aufgaben oder Rollen anzupassen, groß, und der Aufwand für die Aktualisierung bei einer Vielzahl von Kompetenzmodellen ist sehr hoch.

Tab. 4 Exemplarischer Vergleich von Praxiskompetenzmodellen mit dem Great Eight-Kompetenzmodell

Great Eight-Kompetenzmodell	*Praxis-Modell 1: Rollenspezifisches Kompetenzmodell (System Engineer)*	*Praxis-Modell 2: Hierarchie-spezifisches Modell (Kernkompetenzen + Level-Kompetenzen: Professional)*	*Praxis-Modell 3: Allgemeines Kompetenzmodell*
Führen & Entscheiden		(Eigenverantwortung)	Führungsbereitschaft
Gestalten & Konzipieren		(Aktives Lernen)	
Anpassen & Bewältigen	Flexibilität Interkulturelle Kompetenz	Handlungsorientierung Anpassungsfähigkeit	
Unterstützen & Kooperieren		(Vertrauensvolle Teamarbeit)	Zusammenarbeit Identifikation
Interagieren & Präsentieren	Kommunikationsfähigkeit Konfliktlösung Präsentationsfähigkeit	(Effektive Kommunikation)	Information/Kommunikation
Analysieren & Interpretieren	Computerkenntnisse Sprachkompetenz (Englisch) Analytisches Denken Weitere rollenspezifische Kenntnisse (z. B. System Design/Prozesse; Engineering Tools)	Technische Affinität	Technische Fähigkeiten Lösungskompetenz
Organisieren & Ausführen	Kund:innenorientierung Projektmanagement Qualitätsbewusstsein Selbst- und Zeitmanagement	(Kund:innenfokus) (Ergebnisorientierung) Planen und Ausrichten	Kund:innenorientierung Zielorientierung Arbeitsergebnisse
Unternehmerisches Denken & Leistung erbringen		(Selbstentwicklung) Geschäftsverständnis	Engagement Wirtschaftliches Denken und Handeln

Interessanterweise sind die Kompetenzmodelle aus der Unternehmenspraxis inhaltlich ähnlich, obwohl sie in der Regel eigens entwickelt wurden, um unternehmens- oder branchenspezifische oder auch aufgabenbezogene Besonderheiten zu berücksichtigen. Dies zeigt ein Vergleich exemplarischer Kompetenzmodelle unserer Praxispartner:innen, die wir in Bezug zum Great Eight-Kompetenzmodell gesetzt haben (Tab. 4). Dabei wird ersichtlich, dass die breite Palette von Kompetenzen auf eine begrenzte Anzahl allgemeiner Kompetenzen zurückgeführt werden kann.

In der Praxis besteht häufig das Problem, dass die Kompetenzbegriffe pragmatisch ausgewählt werden (Erpenbeck et al., 2013) und dies zu einem Sammelsurium („hodgepodge") an Kompetenzen mit mehrdeutigen Konzepten führt (Campion et al., 2011; Sackett & Laczo, 2003). Fehlt es an einer klaren Definition der Kompetenzen, ist die Gefahr groß, dass beurteilende Personen die Kompetenzen unterschiedlich oder auch falsch interpretieren, sodass die Kompetenzmessung subjektiv ist und nur scheinbar zuverlässige und gültige Ergebnisse liefert (Liebenow et al., 2014). Bei einer fehlenden Kompetenzdefinition könnte z. B. eine Person bei der Bewertung von Kommunikationsfähigkeit eher die Sprachgewandtheit bewerten, wohingegen eine andere eher den Fokus auf das Zuhören legt. Hier lägen dann zwei unterschiedliche Interpretationen vor, falsch wäre es jedoch Kommunikationsfähigkeit mit der Beeinflussung von anderen gleichzusetzen. Mit Blick auf die Messung der Kompetenzen ist weiterhin auffällig, dass die Unternehmen kaum etablierte und wissenschaftlich geprüfte Kompetenzmaße einsetzen. Erpenbeck et al. (2013) bestätigen, dass Unternehmen selten sogenannte psychometrische Skalen zur Kompetenzmessung nutzen, obwohl diese gewährleisten, dass die Kompetenzen der Beschäftigten zuverlässiger und korrekter gemessen werden als mit ad hoc entwickelten Kompetenzfragebögen. Eine ausführlichere Diskussion zu Methoden der Kompetenzmessung liefert Kap. 4.

3 Entwicklung eines Kompetenzmodells

3.1 Unsere Vorgehensweise

Unser Ziel ist es, exemplarisch ein wissenschaftlich fundiertes Kompetenzmodell für Teams zu entwickeln, das unternehmensübergreifend Anwendung finden kann und das die Anforderungen der neuen digitalisierten und dynamischen Arbeitswelt berücksichtigt. Das im Folgenden vorgestellte Kompetenzmodell wurde im Rahmen des it's OWL Projektes „Predicteams" erarbeitet. Dazu sind wir in zwei Schritten vorgegangen.

Als erstes haben wir anhand von wissenschaftlichen Studien Konstrukte identifiziert, die erwiesenermaßen zum Erfolg von Teams beitragen oder im Zusammenhang mit individueller Leistung im Job stehen. Diese Konstrukte repräsentieren Kompetenzen, weil sie der Forschung zufolge Grundlage oder Indikator dafür sind, dass Beschäftigte selbstorganisiert handeln und so individuell erfolgreich sind beziehungsweise zum Erfolg von

Teams beitragen. Die Recherche ergab ein Set von 27 Konstrukten, die Persönlichkeitseigenschaften, Motive, Einstellungen oder Fertigkeiten beschreiben und sowohl alle Kompetenzklassen als auch die Great Eight-Kompetenzen abdecken (siehe Abschn. 3.3.2).

Die identifizierten Konstrukte sind klar definiert und klären somit, was das entsprechende Merkmal ist und was nicht und wie es sich von anderen Konstrukten unterscheidet (Lambert & Newman, 2022). Darüber hinaus liegen für alle Konstrukte psychometrische Skalen vor, mit denen die Konstrukte, die nicht direkt beobachtbar sind, messbar gemacht werden. Dazu wurden für jedes Konstrukt Aussagen (sogenannte Items) formuliert, die relevante Ausprägungen des untersuchten Konstrukts beschreiben (Lambert & Newman, 2022). Anhand dieser Aussagen geben die Befragungsteilnehmenden anhand einer vorgegebenen Antwortskala an, inwieweit die jeweilige Aussage auf sie persönlich zutrifft. Die Antwortmöglichkeiten lauten z. B. auf einer 5-stufigen Skala „trifft nicht zu", „trifft eher nicht zu", „teils – teils", „trifft eher zu" und „trifft zu". Jedem Skalenpunkt ist ein Zahlenwert zugeordnet. Die Ausprägung „trifft nicht zu" entspricht z. B. dem Zahlenwert 1, während die Ausprägung „teils – teils", dem Wert 3 entspricht und der Ausprägung „trifft zu" der Wert 5 zugeordnet wird. Die Zahlenwerte aller Items werden addiert und durch die Anzahl der Items geteilt. Dieser Wert entspricht dann der Ausprägung des Konstrukts für die einzelne Person. Die psychometrischen Skalen sind wissenschaftlich validiert. Das bedeutet, dass sie generell ein hohes Maß an Objektivität, Reliabilität und Validität versprechen. Ob die Instrumente auch im vorliegenden Untersuchungskontext zuverlässig messen, haben wir zusätzlich überprüft. Eine ausführliche Erläuterung zur psychometrischen Kompetenzmessung ist in Kap. 4 zu finden.

Praxistipp. *Das GESIS – Leibniz-Institut für Sozialwissenschaften stellt mit ZIS ein Open Access Repositorium für sozial- und verhaltenswissenschaftliche Erhebungsinstrumente (Fragebogen, Items, Skalen, Index) zur Verfügung:* https://zis.gesis.org/ *(Stand: 17.08.2023). Hier finden sich auch eine Reihe von psychometrischen Skalen für Persönlichkeitsmerkmale, Motive, Eigenschaften etc.*

Damit das Kompetenzmodell auch für den Einsatz in der Praxis geeignet ist, empfiehlt es sich, maximal 12 Kompetenzen zu definieren (Campion et al., 2011). Daher haben wir im zweiten Schritt überprüft, ob es möglich ist, die Anzahl der Konstrukte ohne wesentlichen Informationsverlust zu reduzieren. Dazu haben wir die Konstrukte zunächst im Hinblick darauf untersucht, wie ähnlich sie sich sprachlich sind. Mittels semantischer Analyse (Latent Semantic Analysis; vgl. Landauer, 2011) wurde bestimmt, inwiefern die Items der Konstrukte die gleiche Bedeutung haben. Weisen Konstrukte eine hohe sprachliche Ähnlichkeit auf, spricht das dafür, dass sie inhaltlich überlappen und redundant sind.

Anschließend haben wir getestet, ob die Konstrukte empirisch überlappen, das heißt, ob die Ausprägung eines Konstrukts Rückschlüsse auf die Ausprägung eines anderen Konstrukts erlaubt. Dazu haben wir auf Basis von Kompetenzmessungen in Projektteams Korrelationsanalysen durchgeführt. Korrelationen zeigen den linearen Zusammenhang zwischen zwei Konstrukten auf. Eine hohe Korrelation zwischen zwei Konstrukten bedeutet, dass man die Ausprägung eines Konstrukts mit großer Wahrscheinlichkeit vorhersagen kann, wenn man die Ausprägung des anderen Konstrukts kennt. Liegt eine sehr hohe Korrelation zwischen zwei Konstrukten vor, genügt es, ein Konstrukt zu messen.

Schließlich wurden aus dem Kompetenzset jene acht Kompetenzen ausgewählt, die anhand der Ergebnisse der semantischen Analyse und der Einschätzung von sechs Expert:innen eine hohe Überschneidung zu dem Great Eight-Modell von Bartram haben und somit als repräsentativ für die jeweilige Kompetenzdomäne angesehen werden können (siehe Abschn. 3.3.3).

3.2 Identifikation relevanter Kompetenzen anhand empirischer Evidenz

Zur Identifikation von Kompetenzen, die nachweislich zum Erfolg von Teams förderlich sind, wurden vor allem Übersichtsarbeiten herangezogen. Übersichtsarbeiten identifizieren, evaluieren und integrieren systematisch Ergebnisse mehrerer einzelner Forschungsarbeiten, auch Primärstudien genannt (Booth et al., 2016). Es lassen sich grundsätzlich zwei Arten von Übersichtsarbeiten unterscheiden. Literatur-Reviews fassen den Forschungsstand zu einem Thema, einem Konstrukt oder einem Zusammenhang verbal zusammen. In Meta-Analysen werden die Ergebnisse von quantitativen Studien statistisch zusammengefasst, die den gleichen Zusammenhang zwischen zwei Konstrukten untersuchen, um so eine präzisere Einschätzung des tatsächlichen Zusammenhangs zu ermitteln (Cooper, 2017). Übersichtsarbeiten zeigen auf, was bereits zu einem Thema bekannt ist und heben gleichzeitig Forschungslücken hervor, die Ausgangspunkt für weitere Studien sein können. Übersichtsarbeiten zur Entscheidungsunterstützung streben darüber hinaus die Nutzung der vorhandenen Evidenz für ein bestimmtes Thema oder Problem an (Booth et al., 2016). Entscheidungsträger:innen in Organisationen können Übersichtsarbeiten heranziehen, um zum Beispiel evidenzbasiert den Nutzen bestimmter Personalauswahlmethoden zu bewerten und zu entscheiden, ob bestimmte Methoden eingesetzt werden sollten oder nicht (Le et al., 2007).

Um relevante Kompetenzen für Teams zu identifizieren, haben wir zunächst nach Meta-Analysen und Literaturreviews auf der Teamebene recherchiert. Sofern keine metaanalytischen Evidenz oder Reviews für die Teamebene vorlagen, haben wir uns auf Befunde von Meta-Analysen auf der Individualebene bezogen oder Primärstudien hinzugezogen. Um die Ergebnisse der Literaturrecherche zu strukturieren, haben wir uns an dem Kompetenzmodell von Bartram (2005) orientiert.

Praxistipp. *Meta-Analysen sind sehr aufwendig, und es vergehen oftmals mehrere Jahre bis die Ergebnisse veröffentlicht werden. Die Cloud-Plattform metaBUS (*http://metabus.org/, *Stand:*

17.08.2023) bietet eine kostenfreie Plattform zur automatisierten Synthese von Forschungsergebnissen der Sozialwissenschaften. Mithilfe dieser Plattform kann ein erster Eindruck über den Zusammenhang zwischen zwei Konstrukten gewonnen werden.

Führen & Entscheiden. Diese Kompetenzdomäne umfasst einen Kernaspekt von Teams in VUCA Arbeitskontexten – die Selbstorganisation und -führung. Unternehmen setzen in solchen Situationen auf Teams, die sich selbst managen, auf eigene Initiative handeln und sich durch das Treffen von kollektiven Entscheidungen auszeichnen (Peeters et al., 2022). Geteilte Führung (shared leadership), ein Prozess bei dem Führungsrollen und Einfluss auf die Teammitglieder verteilt werden, ist ein Erfolgsfaktor für Teams (D'Innocenzo et al., 2016; Wang et al., 2014). Als wesentliche Prädiktoren für das Ausüben von führungsähnlichem Einfluss (emergente Führung) haben sich das *Machtmotiv* (Badura et al., 2022) und *Extraversion* (Judge et al., 2002) erwiesen. Bisherige Forschung hat zudem gezeigt, dass eine *proaktive* Persönlichkeit signifikant für den Erfolg von selbstgemanageten Teams ist (Williams et al., 2010) und dass proaktive Mitarbeitende bereit sind, Initiative zu ergreifen und sich in Aktivitäten zu engagieren, die über ihre formalen Aufgaben hinausgehen (Organizational Citizenship Behaviors, Spitzmuller et al., 2015).

Gestalten & Konzipieren. Meta-analytische Befunde zeigen, dass eine auf *Lernen basierende Zielorientierung,* d. h. der Wunsch, sich weiterzuentwickeln, indem man neue Fähigkeiten erwirbt, neue Situationen meistert uns seine Fähigkeiten verbessert (Vandewalle, 1997), im positiven Zusammenhang mit Job Performance steht (Payne et al., 2007). Zudem deuten Studien darauf hin, dass ein hohes *Construal level,* also die Eigenschaft, Informationen auf einem hohen Abstraktionslevel wahrzunehmen und zu bewerten, Kreativität, Innovation, Lernen und Wandel fördert (Wiesenfeld et al., 2017). Darüber hinaus zeigt die Meta-Analyse von Hülsheger et al. (2009), dass *Vision,* die Fähigkeit, eine Vorstellung von der Zukunft der Organisation/ des Teams zu haben, die ein übergeordnetes Ziel und eine motivierende Kraft bei der Arbeit darstellt, in einem starken Zusammenhang mit der Innovationsfähigkeit von Teams steht.

Anpassen & Bewältigen. Mit Druck und Rückschlägen umzugehen ist für dynamische Teams, die oftmals in kurzen Zyklen arbeiten und schnell auf Änderungswünsche durch Kund:innen reagieren müssen, eine wichtige Fähigkeit. Quinteiro et al. (2016) konnten zeigen, dass *Selbstführung,* die Fähigkeit zur Förderung konstruktiver Gedanken, positiver Selbstgespräche und Reflexion von Überzeugungen und Annahmen, die Teamleistung von selbstgemanagten Teams vorhersagt. In der Meta-Analyse von Harari et al. (2021) steht Selbstführung zudem in einem hohen Zusammenhang mit der Individualleistung. Darüber hinaus spielt die *Resilienz* der Mitarbeitenden eine wichtige Rolle bei der Bewältigung von sowohl negativen Rückschlägen als auch positiv-überwältigenden Ereignisse und hat somit einen positiven Einfluss auf die Performance der Mitarbeitenden (Zhai et al., 2023). Zudem wurde festgestellt, dass *Emotionale Stabilität,* die Tendenz sich zuversichtlich, sicher und beständig zu fühlen, die Teamleistung vorhersagt (Bell, 2007). Ebenso sind viele Teams heute international und somit auch kulturell divers besetzt. Daher scheint die *Sensibilität gegenüber verschiedenen Kulturen* und die Fähigkeit sich diesen anzupassen von besonderer Bedeutung. Erste Primärstudien deuten darauf hin, dass kultursensitive Fähigkeiten und Einstellungen einen positiven Zusammenhang mit der Job Performance haben (Chen et al., 2010; Rockstuhl et al., 2015).

Unterstützen & Kooperieren. Mehrere Meta-Analysen belegen die Bedeutung von *Kollektiver Orientierung,* die Präferenz in Team-Settings in kollektiver Art und Weise zusammenzuarbeiten, als Treiber für Team Performance (Bell, 2007; Kilcullen et al., 2022; Taras et al., 2010). Ebenso korreliert *Verträglichkeit* (i.e. hilfsbereit, freundlich, vertrauensvoll sein) positiv mit dem Erfolg von Teams (Bell, 2007). Darüber hinaus besteht meta-analytische Evidenz, dass *Vertrauen* förderlich für die Team Performance ist (De Jong et al., 2016; Morrissette & Kisamore, 2020) und *Empathie* die Unterstützung von anderen begünstigt (Longmire & Harrison, 2018).

Interagieren & Präsentieren. In ihrem Review zu individuellen Kompetenzen für die Team Performance von selbstgemanagten Teams weist Doblinger (2022) auf das *Zugehörigkeitsmotiv* hin. Das Motiv treibt Individuen dazu an, Leistung für soziale Anerkennung und Zugehörigkeit zu erbringen, und steht im Zusammenhang mit höherer Beteiligung, Selbstvertrauen, aufgabenbezogener Interaktion (Sorrentino & Field, 1986) und der Förderung der individuellen Performance (Cerasoli et al., 2016). Ebenfalls sagt *Politische Fähigkeit,* die Fähigkeit zum Aufbau und Pflege von Netzwerken und der Beobachtung, Interpretation und Beeinflussung von Interaktionen für die eigenen oder organisationalen Ziele, individuelle Arbeitsproduktivität und über die Arbeitsaufgabe hinausgehendes freiwilliges Verhalten (Organizational Citizenship Behavior; Munyon et al., 2015) vorher. Erste Primärstudien weisen zudem auf die Bedeutung von politischer Fähigkeit im Team für die Team Performance hin (Lvina et al., 2018). Daneben zeigen die meta-analytischen Ergebnisse von Marlow et al. (2018), dass *Kommunikation,* insbesondere Informationselaboration sowie Informations- und Wissensaustausch, eine starke Beziehung zur Team Performance hat.

Analysieren & Interpretieren. Nur wenige Studien haben Kompetenzen dieser Domäne in Bezug auf die Team Performance untersucht. Nach der Einschätzung von Bartram (2005) sollte sich kognitive Fähigkeit am stärksten auf diese Kompetenzdomäne beziehen. Bell (2007) konnte zeigen, dass *kognitive Fähigkeit* der stärkste Prädiktor für Team Performance im Vergleich zu den Big Five-Persönlichkeitsmerkmalen ist. Mit Blick auf die Fähigkeit zu analysieren und interpretieren scheint jedoch *epistemische Motivation,* die Motivation, sich mit tiefem Denken zu beschäftigen (Scholten et al., 2007) und unabhängig von anderen gut informierte Schlussfolgerungen über die Welt zu ziehen (Dreu et al., 2008), besonders relevant. Dabei werden *Kognitionsbedürfnis,* (fehlendes) *Bedürfnis nach (kognitiver) Geschlossenheit* und *Offenheit für Erfahrungen* als Konzeptualisierungen epistemischer Motivation angeboten (Dreu et al., 2008). Eine kürzlich veröffentlichte Studie von Markowitz (2023) konnte nachweisen, dass verbales analytisches Denken stärker das Kognitionsbedürfnis, das Interesse und die Motivation zu kognitiv anstrengendem Denken, widerspiegelt als kognitive Fähigkeit. Darüber hinaus stellten Kearney et al. (2009) fest, dass Teams mit einem hohen Kognitionsbedürfnis besser abschnitten, wenn sie interdisziplinär und altersdivers waren. Zudem fanden Pierro et al. (2015) heraus, dass Personen, deren Bedürfnis nach (kognitiver) Geschlossenheit ähnlich zu dem ihrer Gruppenmitglieder war, besser performten. Ebenso zeigte die Meta-Analyse von Bell (2007) einen kleinen positiven Effekt von *Offenheit für Erfahrungen* in Bezug auf Team Performance. *Individuelle Ambidextrie* ist die kognitive Fähigkeit, sich in dynamischen Kontexten flexibel anzupassen, indem in angemessener Weise zwischen Exploration und Exploitation gewechselt wird (Good & Michel, 2013). Sowohl Exploration als auch Exploitation können als Praktiken der Wissenskombination angesehen werden, wobei die eine das vorhandene Wissen auf neue Weise und die andere das vorhandene Wissen auf bekannte Weise nutzt (Gupta et al., 2006). Somit könnte insbesondere Exploitation mit Blick auf die Anwendung von Wissen und Expertise für diese Kompetenzdomäne wichtig sein. Zudem konnte erste Forschung zeigen, dass Team Exploitation in einem größeren Zusammenhang mit Team Innovation steht als Team Exploration (Zhang et al., 2022).

Organisieren & Ausführen. Das Persönlichkeitsmerkmal *Gewissenhaftigkeit,* welches sorgfältiges, zielgerichtetes und organisiertes Handeln umfasst, korreliert positiv mit Team Performance (Bell, 2007). Für die Zielsetzung und das Management von Ressourcen spielt *Grit,* definiert als Leidenschaft und Beharrlichkeit für langfristige Ziele, eine entscheidende Rolle (Jordan et al., 2019). Grit beeinflusst die arbeitsbezogene Zielsetzung und die Anpassung von Strategien zur Aufgabenbewältigung als Reaktion auf Feedback. Das fördert wiederum die Bereitschaft, begrenzte Ressourcen zielgerichtet zu verteilen (Jordan et al., 2019). Mit Blick auf den Umgang von Mitarbeitenden mit Zeit, konnte meta-analytisch nachgewiesen werden, dass *Polychronizität,* die Präferenz für Multitasking, einen positiven Einfluss auf polychrones Handeln, Job Performance, Kreativität und Verhaltensweisen außerhalb der Arbeitsrolle hat (Howard & Cogswell, 2022). Für die Kompetenzdimension *Kundenerwartungen erfüllen* besteht meta-analytische Evidenz, dass *Kundenorientierung* zuträglich für die eigene Job Performance ist (Jaramillo et al., 2007; Zablah et al., 2012).

Unternehmerisches Denken & Leistung erbringen. Diese Kompetenzdomäne umfasst das Erreichen von Ergebnissen und Arbeitszielen verbunden mit Selbstverwirklichung und beruflichem Aufstieg sowie ein Verständnis für unternehmerische Zusammenhänge. Die Forschung hat das *Autonomie- und Leistungsmotiv* als Prädiktoren für unternehmerisches Verhalten (Rauch & Frese, 2007) und für eine hohe Job Performance (Cerasoli et al., 2016) identifiziert. Ebenso steht eine *leistungsbezogene Zielorientierung,* also der Wunsch die eigene Kompetenz zu beweisen und positive Beurteilungen darüber zu erhalten (Vandewalle, 1997), im positiven Zusammenhang mit der individuellen Job Performance (Payne et al., 2007).

Nicht alle identifizierten Konstrukte können eindeutig einer spezifischen Kompetenzdomäne zugeordnet werden (Tab. 5). Auch zwischen den Kompetenzdomänen gibt es Überschneidungen. So könnte beispielsweise die Fähigkeit *Grit* aufgrund ihres effektiven Umgangs mit Widrigkeiten oder negativer Rückmeldungen auch der Kompetenzdomäne

Anpassen & Bewältigen zugeordnet werden. Das Beispiel zeigt, dass es bei der Entwicklung von Kompetenzmodellen und der Identifikation geeigneter Konstrukte zur Messung der jeweiligen Kompetenzdimensionen Interpretationsspielräume gibt.

Abb. 2 gibt eine Übersicht über den empirischen Forschungsstand anhand der Meta-Analysen. Die Abbildung zeigt die durchschnittlichen Zusammenhänge zwischen den Kompetenzen (in den Zeilen) und der Teamleistung bzw. der Individualleistung, die sich aus der Aggregation einer Vielzahl von Studien ergeben. Die Effektstärke entspricht der durchschnittlichen Korrelation, also dem durchschnittlichen linearen Zusammenhang zwischen einem Konstrukt (z. B. proaktive Persönlichkeit) und der Teamleistung bzw. der Individualleistung im Job und wird als Punkt dargestellt. Der Strich zeigt an, inwiefern sich die Effektstärken zwischen den Studien unterscheiden. Je länger der Strich, desto uneinheitlicher sind die empirischen Befunde zu diesem Zusammenhang. Der Wert für die Effektstärke entspricht dem durchschnittlichen Korrelationskoeffizienten und kann grundsätzlich zwischen -1 und $+1$ liegen. Ein positiver Korrelationskoeffizient kennzeichnet einen positiven linearen Zusammenhang: je stärker die Ausprägung der jeweiligen Kompetenz, desto höher die Leistung des Teams. Höhere Werte entsprechen stärkeren Zusammenhängen, wohingegen Werte nahe Null anzeigen, dass es keinen oder nur einen sehr schwachen linearen Zusammenhang zwischen dem Konstrukt und der Leistung gibt. Das gilt beispielsweise für das Konstrukt kollektive Orientierung und die

Tab. 5 Zuordnung der identifizierten Konstrukte zu den Great Eight-Kompetenzen

Great Eight-Kompetenzmodell	*Identifizierte Konstrukte*
Führen & Entscheiden	Proaktivität, Machtmotiv, Extraversion
Gestalten & Konzipieren	Zielorientierung (Lernen), Construal Level, Vision, Offenheit für Erfahrungen
Anpassen & Bewältigen	Resilienz, Kulturelle Anpassungsfähigkeit, Selbstführung, Emotionale Stabilität
Unterstützen & Kooperieren	Kollektive Orientierung, Empathie, Vertrauen, Verträglichkeit
Interagieren & Präsentieren	Kommunikationsfähigkeit, Politische Fähigkeit, Zugehörigkeitsmotiv
Analysieren & Interpretieren	Kognitionsbedürfnis, Bedürfnis nach kog. Geschlossenheit, Ambidextrie (Exploration/ Exploitation), Offenheit für Erfahrungen
Organisieren & Ausführen	Kundenorientierung, Grit, Polychronizität, Gewissenhaftigkeit
Unternehmerisches Denken & Leistung erbringen	Leistungsbezogene Zielorientierung, Leistungsmotiv, Autonomiemotiv

individuelle Leistung: Die kollektive Orientierung steht in keinem systematischen Zusammenhang mit der individuellen Leistung. Ein negativer Wert entspricht einem negativen linearen Zusammenhang: je stärker die Ausprägung der jeweiligen Eigenschaft im Team, desto niedriger die Leistung. Ein negativer Zusammenhang wird nur für die Eigenschaft „empathische Anteilnahme" berichtet. Den Ergebnissen zufolge sinkt die Teamleistung, je höher die empathische Anteilnahme der Teammitglieder im Durchschnitt ist.

Betrachtet man die verschiedenen Kompetenzklassen, zeigt sich, dass Meta-Analysen für Aktivitäts- und Handlungskompetenzen (Führen & Entscheiden, Gestalten & Konzipieren sowie Anpassen & Bewältigen im Great Eight-Modell) auf Team-Ebene und auf Individualebene vorliegen. Sozial-kommunikative Kompetenzen (Unterstützen & Kooperieren und Interagieren & Präsentieren) wurden meta-analytisch eher in Bezug auf Teamleistung als auf individuelle Leistung untersucht. Für Methodenkompetenzen (Analysieren & Interpretieren und Organisieren & Ausführen) gilt der umgekehrte Fall: hier liegen kaum Meta-Analysen für den Zusammenhang mit Teamleistung vor.

Vergleicht man die Effektstärken einzelner Konstrukte auf Team- und Individualebene, werden interessante Unterschiede deutlich. Ein hohes Maß an Extraversion oder Gewissenhaftigkeit ist deutlich stärker assoziiert mit einer höheren individuellen Leistung, aber nur in geringerem Maß mit einer höheren Teamleistung. Dies kann ein Hinweis darauf sein, dass es Kompetenzen gibt, über die nicht alle Teammitglieder in hohem Maß verfügen sollten, damit ein Team eine gute Leistung zeigt.

Für die Konstrukte Vision und kollektive Orientierung ist der Zusammenhang mit der Teamleistung stärker als der Zusammenhang mit individueller Leistung. Kompetenzmodelle, die darauf ausgerichtet sind, individuelle Leistung vorherzusagen, vernachlässigen diese Kompetenzen möglicherweise, obwohl es den Teamerfolg maßgeblich fördern kann, wenn möglichst viele Teammitglieder über ein hohes Maß an diesen Kompetenzen verfügen. Die empirische Evidenz unterstreicht die Notwendigkeit, Kompetenzmodelle für Teams zu entwickeln.

3.3 Reduktion der identifizierten Kompetenzen

Kompetenzmodelle neigen dazu oftmals aus einer großen Anzahl an Kompetenzen zu bestehen, womit die Messung aller Kompetenzen anhand psychometrischer Skalen mit einem erheblichen Zeitaufwand einhergehen würde. Um die Liste der identifizierten 27 Kompetenzen zu reduzieren und ein praktikables Kompetenzmodell zu entwickeln, schlagen wir einen zweistufigen Prozess vor. Dieser soll sicherzustellen, dass das Kompetenzmodell das gesamte Spektrum abdeckt, ohne dabei Kompetenzen doppelt zu erfassen. Dazu wurden zunächst die 27 Kompetenzen mittels Latent Semantic Analysis auf ihre semantische Ähnlichkeit mit den Great Eight Kompetenzen untersucht. Anschließend haben wir die ausgewählten Kompetenzen auf empirische Ähnlichkeit (i.e. Korrelationsanalyse) untersucht.

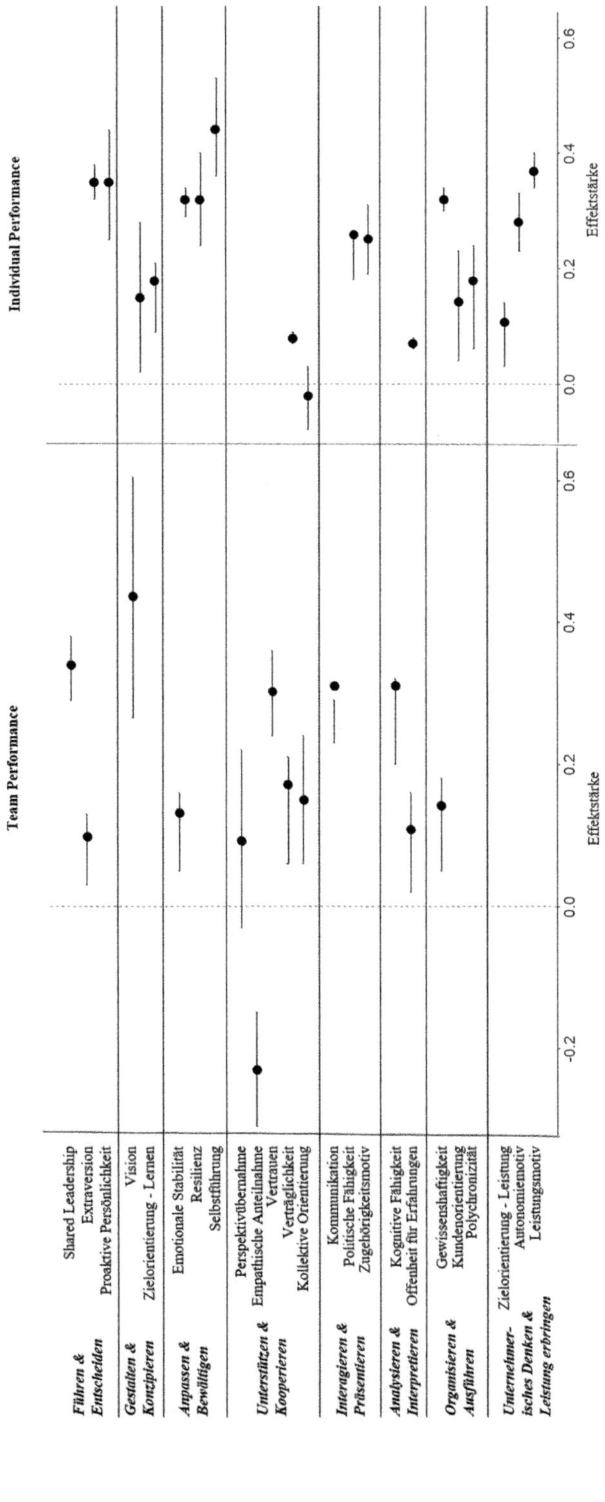

Abb. 2 Meta-analytische Befunde

Praxistipp. *Das Semantic Scale Network (*https://rosenbusch.shinyapps.io/semantic_net/, *Stand: 17.08.2023) kann bei der Überprüfung eigens entwickelter Kompetenzmessungsinstrumente helfen, indem es semantisch verwandte Instrumente erkennen kann. Es deckt damit semantische Überschneidungen zwischen verschiedenen Konstrukten auf.*

Latent Semantic Analysis (LSA) ist ein statistisches Verfahren aus dem Bereich der Sprachverarbeitung. Es analysiert die Beziehung zwischen Wörtern und Texten und bewertet automatisiert die Ähnlichkeit des Inhalts von Wörtern und Texten. LSA basiert auf der Annahme, dass Wörter, die in der Bedeutung nahe beieinander liegen, in ähnlichen Texten vorkommen (McNamara et al., 2011). Zur Bestimmung der semantischen Ähnlichkeit der von uns verwendeten Kompetenzkonzepte haben wir die Webschnittstelle von wordvec.colorado.edu verwendet. Zunächst haben wir den semantischen Raum definiert, indem wir den semantisch Raum von „Psychology Myers 5th edition (400 factors)" gewählt haben. Danach erstellt die Webschnittstelle anhand des Dokument-zu-Dokument-Vergleichs die Kosinus-Distanzmatrix für jedes Dokument zu jedem anderen Dokument. Ein Dokument entspricht in unserem Fall den Items der jeweiligen psychometrischen Skala, die die Kompetenz erfassen soll. Für die 27 Kompetenzen wurden die Items als jeweils ein Dokument definiert, für die Great Eight-Kompetenzen haben wir die in Bartram (2005) angegebene Definition sowie die verhaltensbasierten Teilkompetenzen verwendet. In der resultierenden Kosinus-Distanzmatrix weisen höhere Werte auf eine größere Ähnlichkeit hin (Larsen et al., 2008). In die Auswahl sind dann die semantische Ähnlichkeit (i. d. R. höchster Wert) sowie die Einschätzung durch die Forschungsgruppe eingeflossen. Daraus ergab sich folgende Auswahl an Kompetenzen (vgl. Tab. 6).

Bei „Führen & Entscheiden", „Interagieren & Präsentieren", „Analysieren & Interpretieren" und „Gestalten & Konzipieren" wurden die Kompetenzen mit dem höchsten Ähnlichkeitswert ausgewählt. Für die anderen vier „Great-Eight"-Kompetenzdomänen wurden Kompetenzen gewählt, die zwar nicht den höchsten Ähnlichkeitswert aufweisen,

Tab. 6 Repräsentative Kompetenzen für das Great Eight-Kompetenzmodell

Great Eight-Kompetenzmodell	*Kompetenz*	*Kosinuswert*
Führen & Entscheiden	Machtmotiv	0,20
Gestalten & Konzipieren	Zielorientierung – Lernen	0,28
Anpassen & Bewältigen	Resilienz	0,21
Unterstützen & Kooperieren	Kollektive Orientierung	0,25
Interagieren & Präsentieren	Politische Fähigkeit	0,17
Analysieren & Interpretieren	Ambidextrie – Exploration	0,20
Organisieren & Ausführen	Grit	0,22
Unternehmerisches Denken & Leistung erbringen	Leistungsmotiv	0,25

allerdings nach Einschätzung der Forschungsgruppe inhaltlich eine höhere Überschneidung zu der Kompetenzdomäne und von der VUCA Arbeitswelt geprägte Teamarbeit haben. So wurde für die Kompetenzdomäne „Unterstützen & Kooperieren" statt der Kompetenz *Kulturelle Anpassungsfähigkeit* die Kompetenz *Kollektive Orientierung* gewählt, da bisherige Meta-Analysen die Bedeutung für die Performanz von Teams belegen konnten (Bell, 2007; Kilcullen et al., 2022; Taras et al., 2010). Ebenso kam die Forschungsgruppe unter Berücksichtigung bisheriger Studien (Meneghel et al., 2016) zu dem Schluss, dass Resilienz die Kompetenzdomäne „Anpassen & Bewältigen" umfassender abdeckt. Bei den Kompetenzdomänen „Organisieren & Ausführen" sowie „Unternehmerisches Handeln & Leistung erbringen" wurden Grit bzw. Leistungsmotiv als Kompetenzindikatoren ausgewählt, da die beiden Kompetenzen mit den höchsten Werten bereits für andere Kompetenzdomänen verwendet wurden.

Insgesamt bestätigt die semantische Ähnlichkeitsanalyse, dass die verschiedenen Kategorien von Kompetenzen in Kompetenzmodellen selten überschneidungsfrei sind. Es gibt daher Interpretations- und Gestaltungsspielräume, und Unternehmen sollten die Auswahl der relevanten Kompetenzen an die Strategie anpassen, sofern bestimmte Aspekte des Great Eight-Kompetenzmodells stärker betont werden sollen. So könnte beispielsweise statt Resilienz der Fokus eher auf kulturelle Anpassungsfähigkeit gelegt werden, sofern die Teams international eng zusammenarbeiten.

Darüber hinaus haben wir den Zusammenhang zwischen den Kompetenzen empirisch anhand von Befragungsdaten untersucht, indem die Korrelationen zwischen den ausgewählten acht Kompetenzen ermittelt wurden (siehe Abschn. 3.4.3 für eine ausführliche Beschreibung der Datenerhebung). Die standardisierten Korrelationskoeffizienten geben die Richtung und die Stärke des Zusammenhangs der Kompetenzkonzepte an und geben damit Aufschluss darüber, in welchem Maße die Ausprägung einer Kompetenz auf die Ausprägung einer anderen Kompetenz hinweist. Die Effektstärken können wie folgt interpretiert werden (Cohen, 1988): Liegt der Korrelationskoeffizient zwischen 0,1 und 0,3, spricht man von einem schwachen Zusammenhang. Ein Korrelationskoeffizient zwischen 0,3 und 0,5 steht für einen mittleren Zusammenhang. Ist der Korrelationskoeffizient größer als 0,5 gilt ein starker Zusammenhang. Mit anderen Worten: Ein niedriger Korrelationskoeffizient deutet daraufhin, dass die Kompetenzen unterschiedliche Fähigkeiten und Eigenschaften beschreiben, während ein hoher Zusammenhang darauf schließen lässt, dass die Kompetenzen ähnliche Merkmale hinweisen.

Abb. 3 visualisiert die Zusammenhänge zwischen den acht Kompetenzen. Je heller das Grau und je größer der Kreis, desto stärker der positive Zusammenhang. Die Korrelationen zeigen, dass die von uns ausgewählten acht Kompetenzen geringe bis mittlere Zusammenhänge aufweisen. Folglich sind die Kompetenzen nicht redundant. Jedoch sind sie auch nicht völlig unabhängig voneinander, wodurch die Ausprägungen einzelner Kompetenzen Rückschlüsse auf die Ausprägungen anderer Kompetenzen zulassen. So haben Personen, die ein hohes Maß an politischen Fähigkeiten oder Resilienz haben, tendenziell auch hohe Ausprägung in allen anderen Kompetenzen. Ähnliches gilt für das Leistungsmotiv.

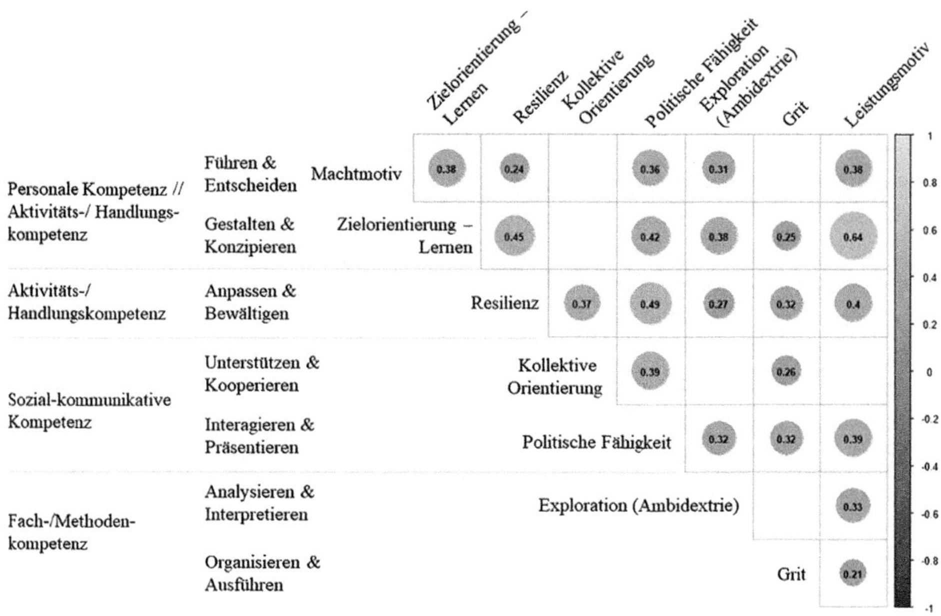

Abb. 3 Korrelationsmatrix ausgewählt

Im Gegensatz lässt die kollektive Orientierung einer Person ansonsten nur Rückschlüsse auf die Resilienz und, in geringerem Maß, auf die Entschlossenheit/Beharrlichkeit (Grit) zu.

Die Korrelationsanalysen zeigen zwei Dinge auf. Einerseits können diese Analysen dabei helfen, Kompetenzmodelle weiter zu reduzieren, weil sie empirische Überschneidungen offenbaren. Andererseits zeigen die Korrelationsanalysen, dass Kompetenzen nicht isoliert betrachtet werden sollten. Es lohnt sich daher, spezifische Kombinationen von Kompetenzen näher zu untersuchen (siehe Kap. 5).

4 Kompetenzen und Team Performance

4.1 Aggregation von Kompetenzen: Von der Individual- zur Teamebene

In Unternehmen werden Kompetenzen in der Regel für einzelne Mitarbeitende erhoben. Um zu ermitteln, welche Kompetenzen der einzelnen Mitarbeitenden in einem positiven Zusammenhang mit der Leistung des Teams stehen, muss zunächst definiert werden, wie die Kompetenzen auf der Teamebene modelliert werden. Dafür schlägt die Literatur vier Ansätze vor (vgl. Mathieu et al., 2014):

1. *Traditionelles Modell der Passung von Personal und Position:* Dieses Modell konzentriert sich auf die Optimierung der Übereinstimmung zwischen den Kompetenzen einer Person und den Positionen oder Rollen, die sie im Team einnimmt. Es legt besonderen Wert auf die Bedeutung der Anpassung der Eigenschaften einer Person an spezifische Stellenanforderungen ohne explizite Berücksichtigung des Teamkontexts. Es geht davon aus, dass das Team effektiver sein wird, je besser die einzelne Person für die Position/Rolle geeignet ist, d. h. je höher das Level an aufgabenspezifischen Kompetenzen. Das Erreichen eines idealen Profils von Kompetenzen pro Position/Rolle verbessert die Leistung des/ der Einzelnen und somit die Leistung des Teams.
   Operationalisierung: Typischerweise wird in diesem Fall der *Mittelwert* über alle Teammitglieder in Bezug auf die *aufgabenspezifischen Kompetenzen,* z. B. kognitive Fähigkeiten, gebildet.
2. *Personalmodell mit Berücksichtigung von Teamarbeit:* Dieses Modell betrachtet teamgenerische Kompetenzen, die zu effektiver Teamarbeit beitragen. Es betont Organisationsfähigkeiten, Kooperationsbereitschaft und Teamorientierung als wichtige Faktoren für den Teamerfolg.
   Operationalisierung: In diesem Fall wird der *Mittelwert* über alle Teammitglieder in Bezug auf die *teamgenerischen Kompetenzen,* z. B. Teamorientierung, gebildet.
3. *Modell des relativen Beitrags:* Dieses Modell berücksichtigt die relativen Beiträge der Teammitglieder basierend auf ihren individuellen Eigenschaften. Es beruht auf der Annahme, dass einige Teammitglieder einen größeren Einfluss auf die Teamaktivitäten und somit auf die Team Performance haben.
   Operationalisierung: Es wird der Kompetenzwert des stärksten *(Maximum)* bzw. des schwächsten *(Minimum)* Teammitglieds als repräsentativ für das Team gewählt.
4. *Teamprofilmodell:* Dieses Modell konzentriert sich auf die Verteilung spezifischer Kompetenzen im Team. Es berücksichtigt Faktoren wie besondere Sprachkenntnisse oder implizites Wissen, die im Team vorhanden sein können, und wie sie zur Teamwirksamkeit beitragen. Es geht davon aus, dass alle Positionen im Team von gleicher Bedeutung sind.
   Operationalisierung: In diesem Fall können *Diversitätseffekte* durch die Bildung der *Standardabweichung* oder der *Stärke* einer Kompetenz im Team untersucht werden.

Die genannten Modelle bieten unterschiedliche Perspektiven auf die Teamzusammensetzung und heben unterschiedliche Operationalisierungsmöglichkeiten der Kompetenzen hervor, die die Ergebnisse des Teams beeinflussen können.

4.2 Key Performance als Indikator für Teamarbeit

Die Leistung von Teams kann auf viele Arten definiert und operationalisiert werden. Etabliert hat sich die auf Mathieu und Kolleg:innen basierende Operationalisierung von

Teameffektivität (Mathieu et al., 2019; Mathieu & Gilson, 2012; Mathieu et al., 2017; Mathieu et al., 2008). Demnach wird Teameffektivität zunächst ganz allgemein nach (a) *greifbaren Ergebnissen* und (b) *Einfluss auf die Teammitglieder* differenziert. Die greifbaren Ergebnisse können weiter unterschieden werden in

1. *Produktivität:* entspricht dem quantifizierbaren Leistungsoutput eines Teams, zum Beispiel Anzahl verpackter Produkte pro Schicht, bediente Kund:innen pro Stunde, Anzahl alternativer Werbeslogans (Teilaspekt von Kreativität) etc.;
2. *Effizienz:* entspricht dem Verhältnis einer quantifizierbaren Einheit im Vergleich zum Benchmark, zum Beispiel Reaktionszeit auf Kund:innenanfragen im Vergleich zum Branchendurchschnitt, Produktabsatz im Vergleich zum Absatz vergleichbarer Produkte;
3. *Qualität:* entspricht der Bewertung des Wertes oder des Nutzens des Leistungsoutputs, zum Beispiel Entscheidungsqualität, Qualität von Ideen (Teilaspekt von Kreativität), Kund:innenzufriedenheit.

Weitere Ergebnisse im Sinne von Teameffektivität können sich in dem Einfluss auf die Teammitglieder widerspiegeln. Dies können auf der Teamebene zum Beispiel Kohäsion oder Konflikte sein, die von allen Mitgliedern erlebt werden (Mathieu et al., 2019). Hingegen beziehen sich individuelle Ergebnisse, wie Einstellungen, Reaktionen oder Verhaltensweisen, auf Einzelpersonen, die nicht nur zwischen Teams, sondern auch innerhalb eines Teams variieren können (Mathieu et al., 2019).

Um die Leistung von Teams adäquat messen und beurteilen zu können, sollte berücksichtigt werden, dass es keine Standardkriterien gibt. Die Leistung bzw. Effektivität von Teams ist immer kontextabhängig. So werden beispielsweise die Indikatoren oder Ausprägungen für Effizienz von Produktions-, Notfall-, Marketing- oder Sportteams sehr unterschiedlich sein (Mathieu et al., 2017). Zudem können je nach Kontext auch die Einflussfaktoren, bspw. Kompetenzen, variieren. Mit Blick auf dynamisch arbeitende Teams scheinen Effizienz und Kreativität besonders wichtig, da sie die Arbeitsweise dieser Teams fördern und sie befähigen, flexibel und erfolgreich in sich schnell verändernden Umfeldern zu agieren. So sind effiziente Teams nicht nur in der Lage, ihre Ressourcen optimal zu nutzen, sondern gleichzeitig auch kontinuierlich Ergebnisse zu liefern und inkrementelle Fortschritte zu erzielen, was beispielsweise ein zentrales Konzept agiler Methoden ist. Kreativität hingegen fördert die Entstehung neuer Ideen und Lösungsansätze für komplexe Probleme. Teams, die in dynamischen Kontexten agieren, stehen oft vor unerwarteten Herausforderungen, für deren Lösung Kreativität erforderlich ist.

Wie gut Teams zusammenarbeiten, spiegelt sich auch anhand der Konflikte im Team wieder. Dabei können drei Arten von Teamkonflikten unterschieden werden. Aufgabenkonflikte treten auf, wenn Teammitglieder unterschiedliche Standpunkte bezüglich der Gruppenaufgabe haben. Prozesskonflikte beschreiben Differenzen über die Vorgehensweise bei der Aufgabenerfüllung. Beziehungskonflikte entstehen aufgrund interpersoneller

Unvereinbarkeiten und beinhalten auch emotionale Aspekte (Jehn & Mannix, 2001). Obwohl Konflikte oft negativ betrachtet werden, da zum Beispiel Beziehungskonflikte häufig zu weniger Vertrauen und Commitment im Team führen und somit kooperatives Problemlösen verhindern (Wit et al., 2012), können Konflikte auch positive Auswirkungen haben. Aufgabenkonflikte können Teamoutcomes grundsätzlich positiv beeinflussen, indem zum Beispiel Ideen kritischer bewertet werden und somit Verzerrungen bei der Entscheidungsfindung überwunden (Schulz-Hardt et al., 2006; Schweiger et al., 1989; Schwenk, 1990) und Innovationen gefördert werden können (Dreu, 2006; Dreu & West, 2001).

4.3 Validierung des Kompetenzmodells: Unsere Befunde

Zur Überprüfung des systematischen Zusammenhangs der in Abschn. 3.3.3 ausgewählten Kompetenzen mit Teameffektivität wurde eine empirische Untersuchung durchgeführt. Dazu haben wir, wie bereits in Abschn. 3.3.3 erwähnt, 414 Teammitglieder aus 55 Projektteams verschiedener Organisationen über deren HR-Abteilungen kontaktiert. Die HR-Abteilungen haben an die Teammitglieder einen für jedes Team personalisierten Link zur Online-Befragung via SoSci Survey (www.soscisurvey.de) versandt. Dadurch ist eine Zuordnung der Antworten zum Team möglich bei gleichzeitiger Gewährleistung der Anonymität der Befragten. Von den 414 Teammitgliedern haben 313 an der Befragung teilgenommen (75,6 %). In die Auswertung sind jene Teams eingeflossen, bei denen mindestens 75 % der Teammitglieder an der Befragung teilgenommen haben. Dies entspricht 203 Teammitgliedern in 30 Teams. Davon sind 80 % männlich, 16 % weiblich und 4 % divers. Die Teammitglieder arbeiten zu 69 % ihrer Zeit in dem befragten Team und gehören dem Team im Durchschnitt 2,7 Jahre an. Das Alter der Teammitglieder liegt bei durchschnittlich 39,8 Jahren. Die Teamgröße beträgt durchschnittlich 7,1 Teammitglieder (siehe Tab. 7).

Verwendet wurden die Selbsteinschätzung der Teammitglieder zu den Kompetenzen sowie die Beurteilung der Teameffektivität (allgemeine Team Performance, Effizienz, Kreativität, Konflikte) durch teambegleitende Personen. Teambegleitende Personen sind Personen, die nicht direkt zum Team gehören, dieses jedoch aufgrund ihrer Nähe zum Team beurteilen können. Dies können zum Beispiel Team-/Projektleiter:innen oder auch Geschäftsfeldleiter:innen sein. Die Definition und Operationalisierung der Kompetenzen und Variablen zur Messung der Teameffektivität kann in Tab. 8 eingesehen werden.

Die erhaltenen Daten wurden auf Teamebene aggregiert und analysiert. Dazu wurde für jede der acht Kompetenzen sowohl der Mittelwert (M), die Standardabweichung (SD), das Minimum (MIN) als auch das Maximum (MAX) pro Team gebildet. Der Mittelwert entspricht der durchschnittlichen Ausprägung der Variablen in einem Team. Dabei wird angenommen, dass eine hohe Ausprägung der Kompetenz bei allen Teammitglieder vorteilhaft für die Teameffektivität ist. Hingegen gibt die Standardabweichung an, wie stark

Tab. 7 Überblick zur Befragung der Projektteams

Befragungszeitraum	Juli bis Dezember 2021
Art der Befragung	Online-Umfrage
Teilnehmende	30 Projektteams mit 203 Teammitgliedern (Praxispartner des Forschungsprojektes „Predicteams")
Geschlechterverteilung	80 % männlich, 16 % weiblich, 4 % divers
Ø Alter	39,8 Jahre
Ø Teamgröße	7,1 Teammitglieder
Ø Arbeitszeit im Team	69 % der jeweiligen Arbeitszeit
Ø Teamzugehörigkeit	2,7 Jahre
Kompetenzbeurteilung	Selbsteinschätzung durch die Teammitglieder
Bewertung der Teamleistung	Fremdeinschätzung durch teambegleitende Personen (z. B. Team-/Projektleiter:innen)

sich die Teammitglieder im Hinblick auf die jeweilige Kompetenz unterscheiden. Bei einer hohen Standardabweichung unterscheiden sich die Teammitglieder stark, während eine geringe Standardabweichung darauf hindeutet, dass die Teammitglieder sich in der Kompetenzausprägung ähneln. Das Maximum entspricht der höchsten Ausprägung, die innerhalb eines Teams beobachtet wird (stärkstes Teammitglied), und das Minimum ist die geringste Ausprägung innerhalb des Teams (schwächstes Teammitglied). Während der Mittelwert und die Standardabweichung die Ausprägung aller Teammitglieder berücksichtigen, bilden das Maximum und das Minimum die extremsten Werte innerhalb eines Teams ab. Für die Variablen der Teameffektivität (Konflikte, allg. Team Performance, Effizienz und Kreativität) wurde ebenfalls der Mittelwert gebildet.

Tab. 9 zeigt die Korrelationen der acht Kompetenzen mit den Indikatoren der Teameffektivität. Anhand der Korrelationsanalyse können drei wesentliche Erkenntnisse gewonnen werden:

1. *Unterschiedliche Indikatoren der Teameffektivität erfordern verschiedenartige Kompetenzen:* So steigt beispielsweise die Kreativität eines Teams, wenn ein oder alle Teammitglieder eine ausgeprägte Neigung haben, neue Herangehensweisen für Aufgaben zu wählen (Exploration). Jedoch steht Exploration in keinem direkten linearen Zusammenhang mit der Effizienz oder der allgemeinen Team Performance. Umgekehrt ist ein Mindestmaß an Beharrlichkeit und Ausdauer (Grit) für die allgemeine Team Performance förderlich, aber hat keinen Einfluss auf die Effizienz und Kreativität im Team. Wiederrum zeigt sich mit Blick auf die Aufgaben-, Prozess- und Beziehungskonflikte das hier andere Kompetenzen eine zentrale Rolle spielen, die aber nicht im direkten Zusammenhang mit der Team Performance stehen. Dies gilt insbesondere für Resilienz, kollektive Orientierung und politische Fähigkeit. So trägt beispielsweise eine maximale kollektive Orientierung im Team dazu dabei, dass weniger Aufgaben- und

Tab. 8 Übersicht über die Variablen der Kompetenzen, Team Performance und Teamkonflikte im Online-Fragebogen

Variable & Definition	Messinstrument
Führen & Entscheiden	
Proaktivität Die relativ stabile Tendenz, Veränderungen in der Umwelt zu bewirken (Bateman & Crant, 1993)	Kickul and Gundry (2002), *„Ich liebe es, den Status quo infrage zu stellen." (5 Items)*
Machtmotiv* Der Wunsch nach Kontrolle wichtiger sozialer Ressourcen durch Beeinflussung des Denkens und Handelns anderer (Sung & Choi, 2021)	Sung and Choi (2021) *„Es kommt vor, dass ich die Aktivitäten anderer organisiere und leite." (4 Items)*
Extraversion Tendenz zu Geselligkeit, Dominanz und Frohsinn	Rammstedt et al. (2012) *„Ich gehe aus mir heraus, bin gesellig." (2 Items)*
Gestalten & Konzipieren	
Zielorientierung – Lernen* Der Wunsch, sich selbst weiterzuentwickeln, indem man neue Fähigkeiten erwirbt, neue Situationen meistert und seine Kompetenzen verbessert (Vandewalle, 1997)	Vandewalle (1997) *„Ich übernehme gerne herausfordernde Aufgaben, bei denen ich viel lernen kann." (5 Items)*
Construal Level (~Konstruktionsebene) Die Art und Weise, wie Menschen Informationen kodieren und abrufen (Wiesenfeld et al., 2017)	Reyt and Wiesenfeld (2015) *„Einen Bericht vorbereiten: Informationen zusammentragen ↔ Fortschritt aufzeigen" (18 Items)*
Vision Die Fähigkeit, eine Vision für die Zukunft der Organisation zu haben (Rafferty & Griffin, 2004)	Rafferty and Griffin (2004) *„Ich habe ein klares Verständnis davon, wohin wir uns entwickeln." (3 Items)*
Offenheit für Erfahrungen Tendenz zu Beschäftigung mit tiefsinnigen und schöngeistigen Themen	Rammstedt et al. (2012) *„Ich habe eine aktive Vorstellungskraft, bin phantasievoll." (2 Items)*
Anpassen & Bewältigen	
Resilienz* Die Fähigkeit, sich von signifikanten Stressoren zu erholen und sich positiv an diese anzupassen (Sinclair & Wallston, 2004)	Sinclair and Wallston (2004) *„Egal was mir passiert, ich glaube, ich habe meine Reaktionen unter Kontrolle." (4 Items)*
Kulturelle Anpassungsfähigkeit Die Tendenz von Menschen, sich aktiv an verschiedene Kulturen anzupassen (Polyhart & Bliese, 2006)	Polyhart and Bliese (2006) *„Es ist mir wichtig, die Kultur anderer zu respektieren." (5 Items)*

(Fortsetzung)

Tab. 8 (Fortsetzung)

Variable & Definition	Messinstrument
Selbstführung Ein Prozess der verhaltensmäßigen und kognitiven Selbsteinschätzung und Selbstbeeinflussung, durch den Menschen die Selbststeuerung und Selbstmotivation erlangen, die sie benötigen, um ihr Verhalten positiv zu gestalten und so ihre Gesamtleistung zu verbessern (Houghton et al., 2012)	Houghton et al. (2012) *„Ich arbeite auf spezifische Ziele hin, die ich mir selbst gesetzt habe." (9 Items)*
Emotionale Stabilität Tendenz zu Optimismus und Resilienz	Rammstedt et al. (2012) *„Ich bin entspannt, lasse mich durch Stress nicht aus der Ruhe bringen." (2 Items)*
Unterstützen & Kooperieren	
Kollektive Orientierung* Die generelle Neigung einer Person, in Teams zu arbeiten und an Teamprojekten mitzuwirken; keine spezifische Vorliebe für eine bestimmte Gruppe (Kilcullen et al., 2022)	Jackson et al. (2006) *„Ich bevorzuge es, in diesen Teams, anstatt alleine zu arbeiten." (15 Items)*
Empathie Die Fähigkeit, die Gefühle eines anderen zu verstehen und sie selbst zu erleben (Salovey & Mayer, 1990)	Paulus (2009) *„Mich berühren Dinge sehr, auch wenn ich sie nur beobachte." (4 Items)*
Vertrauen Eine allgemeine Bereitschaft, anderen zu vertrauen, unabhängig von sozialen und beziehungsspezifischen Informationen (Frazier et al., 2013)	Beierlein et al. (2014) *„Im Allgemeinen kann man den Menschen vertrauen." (3 Items)*
Verträglichkeit Tendenz zur Freundlichkeit und Harmonie	Rammstedt et al. (2012) *„Ich schenke anderen leicht Vertrauen, glaube an das Gute im Menschen." (2 Items)*
Interagieren & Präsentieren	
Kommunikationsfähigkeit Die Fähigkeit zu kommunizieren (Sharbrough, 2006)	Keyton et al. (2013) *„Ich bin sprachgewandt." (12 Items)*

(Fortsetzung)

Tab. 8 (Fortsetzung)

Variable & Definition	Messinstrument
Politische Fähigkeit* Die Fähigkeit, andere bei der Arbeit effektiv zu verstehen und dieses Wissen zu nutzen, um andere so zu beeinflussen, dass sie in einer Weise handeln, die die eigenen persönlichen und/oder organisatorischen Ziele fördert (Ferris et al., 2005)	Ferris et al. (2005) *„Ich bin gut darin, andere dazu zu bringen, mich zu mögen." (18 Items)*
Zugehörigkeitsmotiv Der Wunsch nach positiven Beziehungen, emotionaler Unterstützung und einem Gefühl der Zugehörigkeit (Sung & Choi, 2021)	Sung and Choi (2021) *„Wenn ich es mir aussuchen kann, arbeite ich lieber in einer Gruppe als alleine." (4 Items)*
Analysieren & Interpretieren	
Kognitionsbedürfnis Das Bedürfnis, relevante Situationen auf sinnvolle, integrierte Weise zu strukturieren, Erfahrungswelten zu verstehen und sinnvoll zu gestalten (Cacioppo et al., 1996)	Beißert et al. (2015) *„Ich würde kompliziertere Probleme einfachen Problemen vorziehen." (4 Items)*
Bedürfnis nach kognitiver Geschlossenheit Der Wunsch nach einer eindeutigen Antwort auf ein Thema, einer Antwort im Gegensatz zu Verwirrung und Unklarheit (Kruglanski et al., 1993)	Roets et al. (2015) *„Ich mag keine ungewissen Situationen." (15 Items)*
Ambidextrie (Exploration*/Exploitation) Die individuelle Fähigkeit, sowohl die Exploitation (i. e., Verbesserung und Vertiefung der vorhandenen Kompetenzen) als auch die Exploration (i.e., Wissen erweitern und neue Fähigkeiten entwickeln) zu verfolgen und Synergien zwischen beiden zu finden	Kobarg et al. (2017) *„Suche nach neuen Herangehensweisen an meine Aufgaben." (6 Items)*
Organisieren & Ausführen	
Kundenorientierung Die Neigung oder Veranlagung eines Mitarbeitenden, die Kundenbedürfnisse im beruflichen Kontext zu erfüllen (Brown et al., 2002)	Susskind et al. (2003) *„Bei der Ausübung meiner Tätigkeit ist der Kunde für mich am Wichtigsten." (5 Items)*

(Fortsetzung)

Tab. 8 (Fortsetzung)

Variable & Definition	Messinstrument
Grit* Eine primär nicht-kognitive Fähigkeit, die die Fähigkeit beeinflusst, (a) zweckgerichtete langfristige (übergeordnete) Ziele zu setzen und zu verfolgen und (b) kurzfristige (untergeordnete) Ziele und Zielerreichungsstrategien angesichts wahrgenommener oder erwarteter Widrigkeiten oder negativer Rückmeldungen effektiv neu zu justieren (Jordan et al., 2019)	Duckworth and Quinn (2009) *„Rückschläge entmutigen mich nicht.“ (8 Items)*
Polychronizität Die Vorliebe für Multitasking im Gegensatz zur gleichzeitigen Ausführung nur einer einzigen Aufgabe (Poposki & Oswald, 2010)	König et al. (2005) *„Ich ziehe es vor, Aufgaben nacheinander zu bearbeiten.“ (10 Items)*
Gewissenhaftigkeit Tendenz zu langfristigem Planen, Selbstdisziplin und Fleiß	Rammstedt et al. (2012) *„Ich erledige Aufgaben gründlich.“ (2 Items)*
Unternehmerisches Denken & Leistung erbringen	
Zielorientierung – Leistung beweisen Der Wunsch, die eigene Kompetenz zu beweisen und positive Beurteilungen darüber zu erhalten (Vandewalle, 1997)	Vandewalle (1997) *„Es ist mir wichtig zu zeigen, dass ich mehr leisten kann als meine Kolleg:innen.“ (4 Items)*
Zielorientierung – Leistung vermeiden Der Wunsch, die Aberkennung der eigenen Kompetenz zu vermeiden und einer negativen Beurteilung dieser Kompetenz zu entgehen (Vandewalle, 1997)	Vandewalle (1997) *„Ich versuche Arbeitssituationen zu vermeiden, in denen ich schlecht abschneiden könnte.“ (4 Items)*
Leistungsmotiv* Das Streben nach Kompetenz, Vollendung und Spitzenleistung (Sung & Choi, 2021)	Sung and Choi (2021) *„Ich bringe die beste Leistung, wenn die Aufgabe schwierig ist.“ (4 Items)*
Autonomiemotiv Das Gefühl, selbstbestimmt und nicht von äußeren Kräften gesteuert zu sein	Steers and Braunstein (1976) *„In meinem Aufgabenbereich versuche ich, ein eigener Chef zu sein.“ (5 Items)*
Team Performance	
Allgemeine Team Performance Das Ausmaß, in dem ein Team seine Ziele oder seinen Auftrag erfüllt (Bell, 2007)	Mohammed and Nadkarni (2014) *„Die Planung und Terminierung der Projektaufgaben durch das Team“ (4 Items)*

(Fortsetzung)

Tab. 8 (Fortsetzung)

Variable & Definition	Messinstrument
Effizienz Die Fähigkeit der Teammitglieder, Ergebnisse zu erzielen, die mit den angestrebten Zielen übereinstimmen, wobei die Auswirkungen der Ergebnisse auf die Mitglieder berücksichtigt werden (Ben Sedrine et al., 2021)	Kearney and Gebert (2009) *„Effizienz in der Zielerreichung" (3 Items)*
Kreativität Die Produktion neuer und nützlicher Ideen für Produkte, Dienstleistungen, Prozesse und Verfahren durch ein Team (Farh et al., 2010)	George and Zhou (2001) *„Schlagen neue Wege zur Qualitätsverbesserung vor." (13 Items)*
Teamkonflikte	
Aufgabenkonflikt Ein Bewusstsein für Differenzen aufgrund von unterschiedlichen Standpunkten und Meinungen bzgl. der Gruppenaufgabe (Jehn & Mannix, 2001)	Jehn (1995) *„Wie häufig gibt es im Team aufgabenbezogene Konflikte?" (3 Items)*
Prozesskonflikte Ein Bewusstsein für Differenzen über Aspekte der Aufgabenerfüllung, z. B. Aufgaben- und Ressourcendelegation (Jehn & Mannix, 2001)	Jehn and Mannix (2001) *„Wie häufig treten Konflikte über die Verteilung von Ressourcen in dem Team auf?" (3 Items)*
Beziehungskonflikte Ein Bewusstsein für interpersonelle Unvereinbarkeiten, beinhalten emotionale Komponenten wie Spannungs- und Reibungsgefühle (Jehn & Mannix, 2001)	Jehn (1995) *„Wie häufig gibt es zwischenmenschliche Spannungen im Team?" (4 Items)*

Notiz: * ausgewählte repräsentative Kompetenz

Prozesskonflikte auftreten, es hat jedoch keine direkte Wirkung auf die Team Performance. Folglich ist es ratsam zu berücksichtigen, dass unterschiedliche Kompetenzen spezifische Effektivitätsmaße begünstigen.

2. *Ein „Mehr" an Kompetenz ist nicht automatisch besser für die Teameffektivität:* Zwar kann es beispielsweise förderlich für die Kreativität eines Teams sein, wenn alle Teammitglieder danach streben, Neues auszuprobieren (Exploration) oder Aufgabenkonflikte können sinken, wenn alle Teammitglieder andere bei der Arbeit verstehen und dieses Wissen nutzen können. Jedoch gibt es Kompetenzen, für die es ein Zuviel im Team geben kann. Teams, in denen ein Mitglied stark danach strebt, Macht auszuüben, weisen eine geringere allgemeine Team Performance und Effizienz auf. Die Teamleistung leidet also darunter, wenn ein einzelnes Teammitglied sehr machtorientiert ist. Weisen weiterhin alle Teammitglieder ein hohes Bestreben nach Weiterentwicklung (Zielorientierung – Lernen) auf, nährt dies Prozesskonflikte. Zudem kommt es oft nicht darauf an, dass alle Teammitglieder ein hohes Maß einer bestimmten Kompetenz aufweisen. Vielmehr ist manchmal die stärkste Ausprägung im Team entscheidend, sodass

Tab. 9 Korrelationskoeffizienten zwischen den Great Eight und den Team Performance Maßen bzw. Teamkonflikten

Great Eight	Kompetenz	Allg. Team Performance				Effizienz				Kreativität			
		M	SD	MIN	MAX	M	SD	MIN	MAX	M	SD	MIN	MAX
Führen & Entscheiden	Machtmotiv	-0.27	-0.16	0.00	**-0.37****	-0.22	-0.21	0.12	**-0.44****	-0.01	0.04	0.11	0.03
Gestalten & Konzipieren	Zielorientierung - Lernen	-0.07	0.08	-0.02	-0.04	0.05	0.20	-0.02	**0.32***	0.19	0.13	0.07	**0.33***
Anpassen & Bewältigen	Resilienz	-0.22	0.21	-0.26	-0.18	-0.05	0.20	-0.14	0.00	0.02 0.00	0.24	-0.08	0.19
Unterstützen & Kooperieren	Kollektive Orientierung	-0.05	-0.04	0.13	-0.06	0.28	-0.05	0.28	0.20		0.15	-0.05	0.08
Interagieren & Präsentieren	Politische Fähigkeit	0.08	-0.10	0.21	-0.07	0.22	0.23	0.12	0.24	0.08	0.18	0.01	0.17
Analysieren & Interpretieren	Ambidextrie - Exploration	0.09	0.01	0.14	-0.08	0.11	0.17	0.07	0.18	**0.38****	0.12	0.21	**0.36***
Organisieren & Ausführen	Grit	0.04	-0.18	**0.38****	-0.05	0.22	0.08	0.10	0.19	-0.16	0.25	-0.24	-0.01
Unternehmerisches Denken & Leistung erbringen	Leistungsmotiv	-0.09	0.07	-0.03	-0.09	-0.01	0.04	0.01	-0.09	0.16	-0.08	0.14	-0.08

(Fortsetzung)

Tab. 9 (Fortsetzung)

Great Eight	Kompetenz	Allg. Team Performance				Effizienz				Kreativität			
		M	SD	MIN	MAX	M	SD	MIN	MAX	M	SD	MIN	MAX
Führen & Entscheiden	Machtmotiv	0.04	-0.11	0.13	-0.03	0.20	0.01	0.15	0.26	0.25	**-0.36***	**0.31***	0.14
Gestalten & Konzipieren	Zielorientierung - Lernen	0.19	-0.17	0.25	0.21	**0.35***	**-0.34***	**0.42****	0.02	0.08	-0.08	0.08	0.11
Anpassen & Bewältigen	Resilienz	-0.07	0.18	-0.13	0.05	0.24	-0.02	0.22	0.04	-0.12	**0.44****	**-0.32***	0.11
Unterstützen & Kooperieren	Kollektive Orientierung	-0.15	-0.26	0.08	**-0.31***	-0.12	-0.28	0.08	**-0.35***	-0.17	0.10	-0.09	0.00
Interagieren & Präsentieren	Politische Fähigkeit	**-0.39****	-0.14	-0.28	**-0.53*****	-0.15	-0.28	0.01	**-0.37****	-0.07	0.11	-0.20	-0.13
Analysieren & Interpretieren	Ambidextrie - Exploration	-0.12	-0.27	0.06	**-0.33***	-0.20	-0.19	0.01	**-0.32***	-0.12	**-0.38****	0.07	**-0.36***
Organisieren & Ausführen	Grit	0.02	-0.09	0.19	-0.03	0.16	0.10	0.09	0.11	0.26	0.11	0.08	0.26
Unternehmerisches Denken & Leistung erbringen	Leistungsmotiv	0.03	-0.12	0.13	-0.09	0.13	-0.15	0.20	0.04	0.19	0.11	0.06	0.29

*** $p < 0.01$, ** $p < 0.05$, * $p < 0.1$

ein Team davon profitiert, dass mindestens ein Teammitglied über ein hohes Maß an dieser Kompetenz verfügt. Je höher beispielsweise der Antrieb sich weiterzuentwickeln und neue Fähigkeiten zu lernen (Zielorientierung – Lernen) des am höchsten ausgeprägtesten Teammitglieds, desto höher die Effizienz und Kreativität des Teams. Eine durchschnittliche Ausprägung zeigt hier keinen Zusammenhang mit der Team Performance. Ebenso geht eine hohe Ausprägung in Exploration (Neues ausprobieren) des stärksten Teammitglieds mit einer höheren Kreativität einher und reduziert alle Arten von Teamkonflikten. Mit Blick auf Aufgaben- und Prozesskonflikte gilt dies auch für das am kollektiv orientiertesten Teammitglied und das Teammitglied mit der stärksten Ausprägung in Politischer Fähigkeit. Diese Konflikte sind folglich umso geringer, je größer die maximale Motivation im Team zu arbeiten und die maximale Fähigkeit, andere bei der Arbeit effektiv zu verstehen und dieses Wissen zu nutzen. Umgekehrt gilt in Bezug auf bestimmte Kompetenzen, dass ein Team sich dann besser stellt, wenn eine bestimmte Kompetenzausprägung nicht unterschritten wird. Dann kommt es auf das schwächste Teammitglied an. Dies gilt beispielsweise für die Beharrlichkeit (Grit). Die allgemeine Team Performance ist umso höher, je höher die Ausprägung des am wenigsten beharrlichen Teammitglieds. Ebenso sind Beziehungskonflikte umso geringer, je höher die Resilienz des am wenigsten resilienten Teammitglieds. Außerdem kann es darauf ankommen, wie ähnlich sich die Teammitglieder in einer Kompetenz sind. Während Heterogenität in Bezug auf das Machtmotiv und Exploration beispielsweise Beziehungskonflikte reduzieren, befeuert Heterogenität in Bezug auf Resilienz diese Art von Konflikt. Für die Teamzusammensetzung bedeutet dies, es ist besser, wenn die Teammitglieder ein unterschiedliches Streben nach Macht aufweisen, jedoch ähnlich resilient sind. Dann können Beziehungskonflikte vermieden werden. Dass die Art der Kompetenzausprägung im Team unterschiedlich auf die Teameffektivität wirkt, sollte dementsprechend bei der Zusammenstellung von Teams berücksichtigt werden.

3. *Lineare Analyseverfahren geben nur begrenzt Aufschluss über die Relevanz von Kompetenzen für die Teameffektivität:* Die Mehrzahl der Korrelationen zwischen den Kompetenzen und den Indikatoren der Teameffektivität ist insignifikant, d. h. es gibt keinen systematischen linearen Zusammenhang zwischen den jeweiligen Kompetenzen und der Teameffektivität. Daraus folgt, dass auf der einen Seite statistische Zusammenhänge oft erst erkennbar werden, wenn eine ausreichend große Menge an Beobachtungen vorliegt. Das impliziert, dass Unternehmen Kompetenzdaten für eine Vielzahl von Teams sammeln müssen, um eine solide Datenbasis für statistische Analysen zu schaffen. Auf der anderen Seite können Korrelationsanalysen nur Aufschluss über den linearen Zusammenhang zwischen Kompetenzen und Teameffektivität geben. Somit wird nur die Beziehung einer Kompetenz mit einem Indikator der Teameffektivität betrachtet. Muster in Form von Kompetenzprofilen, also die Wirkung von spezifischen Kompetenzkombinationen, können damit nicht analysiert werden. Dazu bedarf es weiterführender Analysemethoden. Wie solche Kompetenzprofile analysiert werden können, wird ausführlich in Kap. 5 erläutert.

5 Fazit

Die Bedeutung des Kompetenzbegriffs bleibt sowohl in der Forschung als auch in der Praxis umstritten. Im deutschsprachigen Raum wird oft das holistische Verständnis von Erpenbeck und Kollegen verwendet. Demnach sind Kompetenzen als Selbstorganisationsdispositionen zu verstehen, die individuelles Handeln in komplexen Situationen ermöglichen. Dabei handelt es sich um generelle Dispositionen, die neben Fähigkeiten und Fertigkeiten, auch Persönlichkeitsmerkmale oder Motive umfassen können. Kompetenz ist somit nicht nur vielschichtig, sondern auch situationsübergreifend in unterschiedlichen Handlungssituationen relevant.

Für das effiziente Management von Kompetenzen in Unternehmen sind Kompetenzmodelle entscheidend. Diese Modelle erfassen notwendige Kompetenzen von Mitarbeitenden, Teams und dem Unternehmen und bieten somit klare Leitlinien für Eignungsdiagnostik, Personalentwicklung oder Vergütungspolitik.

Die wissenschaftliche Forschung entwickelt fundierte Kompetenzmodelle, die oftmals generisch sind, wie zum Beispiel das Great Eight-Kompetenzmodell von Bartram. Solche Modelle können als Grundlage für unternehmensspezifische Modelle dienen, müssen jedoch aufgrund ihres fehlenden Praxisbezugs häufig den unternehmensspezifischen Anforderungen angepasst werden. In der Praxis zeigt sich jedoch, dass Unternehmen oft eher pragmatisch Kompetenzmodelle entwickeln, was zu Problemen bei der Messung der Kompetenzen führen kann. Zudem finden sich in Unternehmen neben allgemeinen Modellen auch job-/positionsspezifische Modelle wieder. Ein genauerer Blick zeigt, dass die Kompetenzmodelle aus Praxis und Wissenschaft erhebliche Gemeinsamkeiten aufweisen und die Kompetenzen auf eine überschaubare Anzahl genereller Kompetenzen reduziert werden können. Trotz zunehmender Bedeutung von Teamarbeit aufgrund der immer volatileren und dynamischeren Arbeitswelt, nutzen Unternehmen selten spezifische Kompetenzmodelle für Teams und es ist unklar, ob die bestehenden, oftmals mit Blick auf die individuelle Leistung entwickelten Kompetenzmodelle, auch für Teams relevant sind.

Im Rahmen des Forschungsprojektes „Predicteams“ wurde ein wissenschaftlich fundiertes Kompetenzmodell für jene Teams entwickelt. Die Identifikation der Kompetenzen erfolgte anhand von empirischen Arbeiten zu Team- und individueller Performance. Dabei wurden 27 Kompetenzen ermittelt, die anhand des Great Eight-Modells von Bartram organisiert wurden. Um ein für Unternehmen praktikables Kompetenzmodell zu entwickeln, empfiehlt es sich, die Anzahl der Kompetenzen zu reduzieren. Dazu haben wir in einem ersten Schritt mittels semantischer Analyse die Ähnlichkeit zwischen den Kompetenzen ermittelt und acht Kompetenzen ausgewählt die aufgrund ihrer Ähnlichkeit als repräsentativ für jeweils eine der acht Kompetenzdomänen von Bartram gelten kann. Im zweiten Schritt haben wir mittels Korrelationsanalysen überprüft, ob diese Kompetenzen auch einmalig sind, d. h. keine Merkmale doppelt erfassen. Die Analysen zeigen, dass die Kompetenzen einerseits nicht redundant sind und somit unterschiedliche Aspekte erfassen und dass andererseits Kompetenzen bis zu einem gewissen Maß im Zusammenhang miteinanderstehen und somit nicht isoliert betrachtet werden sollten.

Ob die identifizierten Kompetenzen in einem systematischen Zusammenhang mit der Teameffektivität stehen, wurde anhand einer empirischen Studie mit 30 Projektteams untersucht. Dabei berücksichtigten wir zum einen, wie die individuelle Kompetenz auf der Teamebene modelliert und zum anderen wie Teameffektivität gemessen werden kann. Neben der durchschnittlichen Kompetenzausprägung, können auch weitere Operationalisierungen herangezogen werden. So kann auch die Verteilung einer Kompetenz im Team (Standardabweichung) oder das stärkste (maximaler Wert) oder schwächste (minimaler Wert) Teammitglied für die Teameffektivität besonders relevant sein. Gleichermaßen kann Teameffektivität unterschiedlich gemessen werden, deren Dimensionen von quantifizierbaren Ergebnissen wie Produktivität, Effizienz und Qualität bis hin zu den Einflüssen auf die Teammitglieder reichen. Die Dynamik in heutigen Teams betont die Bedeutung von Effizienz und Kreativität als primäre Treiber, die es ermöglichen, in einem sich rasch wandelnden Umfeld erfolgreich zu agieren. Paradoxerweise werden Konflikte als ambivalente Einflüsse betrachtet, welche sowohl negative als auch positive Auswirkungen auf Teams haben können. Die Analyse der linearen Zusammenhänge zwischen den acht Kompetenzen und den Indikatoren der Teameffektivität liefert drei wesentliche Erkenntnisse. Erstens kristallisiert sich heraus, dass die Art der Teameffektivität unterschiedliche Kompetenzen erfordert. Zweitens wirkt die Art der Kompetenzausprägung (Mittelwert, Standardabweichung, Minimum, Maximum) unterschiedlich auf die Teameffektivität. Ein Mehr an Kompetenz ist nicht immer besser. Drittens erlauben Korrelationsanalysen nur Aussagen über die lineare und singuläre Beziehung einzelner Kompetenzen mit der Teameffektivität. Um über das Zusammenspiel von Kompetenzen Erkenntnisse gewinnen zu können, bedarf es Methoden die sogenannte Kompetenzprofile analysieren können.

Kompetenzmessung: Wie wird gemessen?

Jana Gutt und Kirsten Thommes

Inhaltsverzeichnis

Das nachfolgende Kapitel befasst sich mit der Messung von Kompetenzen und ist in drei Schwerpunkte unterteilt: Gängige Messverfahren und ihre Schwachstellen (4.1 Probleme bisheriger Messungen), psychometrische Messverfahren (4.2 Psychometrische Messungen) und sprachbasierte Messungen (4.3 Sprachbasierte Messungen und Übersetzung mittels Machine Learning).

Nach dem einführenden Kapitel über die Schwachpunkte bisheriger Messverfahren (4.1 Probleme bisheriger Messungen), werden nachfolgend gängige psychometrische Messungen vorgestellt (4.2 Psychometrische Messungen), wie Persönlichkeitstests (4.2.1 Persönlichkeitstests) und Eignungs- und Fähigkeitstests (4.2.2. Eignungs- und Fähigkeitstests). Darauffolgend wird die Anwendung dieser Messverfahren in Unternehmen thematisiert (4.2.3 Einsatz in Unternehmen) und verbreitete Kritikpunkte erörtert (4.2.4 Kritik). Um die Diskussion über die psychometrischen Messverfahren ganzheitlich

J. Gutt (✉) · K. Thommes
Universität Paderborn, Paderborn, Deutschland
E-Mail: jana.gutt@uni-paderborn.de

K. Thommes
E-Mail: kirsten.thommes@uni-paderborn.de

K. Thommes et al. (Hrsg.), *Digitales und prädiktives Kompetenzmanagement*, Intelligente Technische Systeme – Lösungen aus dem Spitzencluster it's OWL, https://doi.org/10.1007/978-3-662-68838-0_4

abzubilden, werden zudem die Vorteile psychometrischer Messungen dargestellt (4.2.5 Vorteile), bevor abschließend ein Fazit gezogen wird (4.2.6 Fazit).

Das abschließende Kapitel befasst sich mit einem alternativen Messverfahren, das im Rahmen des Forschungsprojekts untersucht und getestet wurde (4.3 Sprachbasierte Messungen und Übersetzung mittels Machine Learning). Zunächst wird der bisherige Umgang mit qualitativen Messverfahren vorgestellt (4.3.1 Aktuelle Nutzung von qualitativen Verfahren), bevor neue Verfahren der Datengenerierung und Messung erläutert werden (4.3.2 Neue Verfahren der Datengewinnung, 4.3.3 Neue Verfahren der Messung). Darauffolgend wird die im Rahmen des Projekts angewandte Methodik (4.3.4 Methodik) sowie unsere Ergebnisse (4.3.5 Ergebnisse) vorgestellt. Den Abschluss des Kapitels bildet die Validierung der Ergebnisse (4.3.6 Validierung) und ein Fazit (4.3.7 Fazit).

1 Probleme bisheriger Messungen

Um Schwachstellen in den Fähigkeiten von Mitarbeitenden aufzudecken, die individuelle Entwicklung zu unterstützen und die allgemeine Effizienz zu steigern (siehe z. B. Alagaraja, 2012; Boxall, 1996; Datta et al., 2003; Thang et al., 2010), führen Unternehmen sämtlicher Branchen regelmäßig Kompetenzmessungen durch.

Während viele Studien die Verknüpfung zwischen Kompetenz als Input und Leistungserbringung als Output zeigen (z. B. Catano et al., 2007; Fletcher, 2001), beschäftigen sich nur wenige Arbeiten damit, auf welche Art und Weise die Kompetenzmessung durchgeführt werden sollte. Im Prinzip besteht ein sogenanntes Operationalisierungsproblem, das sich bei der Kompetenzmessung wie bei jeder anderen Messung ergibt und das beantwortet werden muss: Auf der einen Seite stehen Mitarbeitende, die ein bestimmtes Kompetenzniveau aufweisen. Sie haben dies als latente Eigenschaft ihrer selbst, z. B. weist ein Mitarbeitender ein bestimmtes Maß an Resilienz auf, aber diese Eigenschaft ist in ihm verborgen. Um das Ausmaß der Resilienz beurteilen zu können, ordnet der Mitarbeitende sich selbst ein, z. B. mit Fragebögen, oder er wird beobachtet oder beobachtet sich selbst. Hierbei entsteht ein erstes Übersetzungsproblem, welches darin besteht, dass die Kompetenz die gefühlte eigene Kompetenz sein könnte, oder die gezeigte und die durch Dritte beobachtete Kompetenz. Darüber hinaus besteht ein zweites Übersetzungsproblem, nämlich die Frage, wie die Kompetenzeinschätzung quantifiziert werden kann. Selbst wenn zwei Beurteilende ein komplett identisches Verhalten bei einer Person beobachten würden, würden sie nicht notwendigerweise zu derselben Beurteilung gelangen. Grundsätzlich können daher bei der Inputmessung zwei Problembereiche voneinander unterschieden werden: (1) Wer misst die Kompetenzen? und (2) Wie werden die Kompetenzen erfasst? (Abb. 1).

(1) Die Kompetenzen der Mitarbeitenden können dabei einmal durch sie selbst erfasst werden, zum Beispiel im Rahmen von Self-Assessments oder psychometrischen Fragebögen, zum anderen auch durch (neutrale) Beobachtende, Kolleg:innen oder Vorgesetzte.

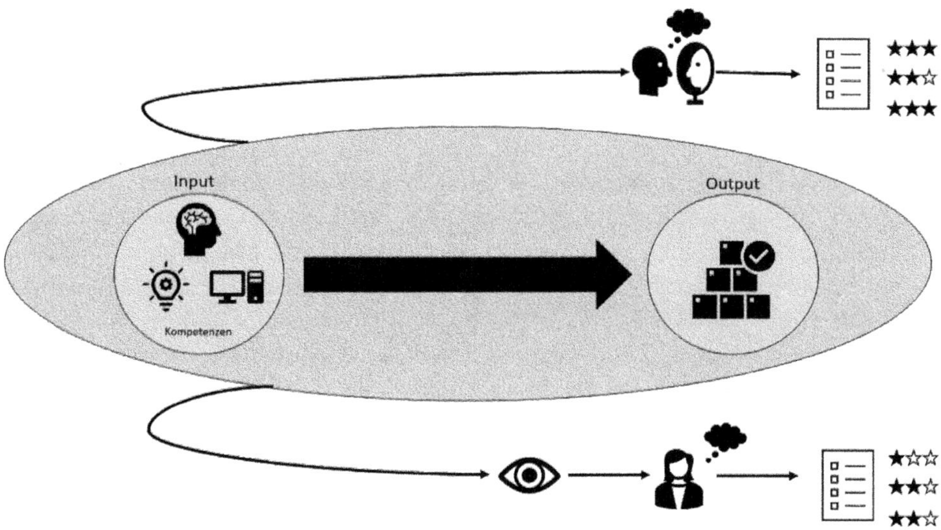

Abb. 1 Schematische Darstellung von Bewertungsfehlern

In den vorherrschenden wissenschaftlichen Diskursen wird überwiegend eine Empfehlung für die Durchführung von psychometrischen Tests ausgesprochen (Morgeson et al., 2007), jedoch erfolgen Kompetenzbeurteilungen, insbesondere Bewertungen mit interpersonellem Fokus (Traylor et al., 2022), in der Unternehmenspraxis meist in Kombination mit der Leistungsbeurteilungen durch Vorgesetzte (Heinsman et al., 2006; Heinsman et al., 2008). In vielen Unternehmen ist es eine gängige Methode, dass Vorgesetzte die Kompetenzen und Leistungen ihrer Mitarbeitenden gleichzeitig einschätzen.

(2) Hinsichtlich der Art der Erfassung bestehen grundsätzlich die generischen Möglichkeiten, in Form von Noten oder anderen numerischen Skalen, die Kompetenzen zu bewerten, oder aber die Kompetenzen qualitativ zu messen in Form von natürlichsprachlichen, qualitativen Beschreibungen. In der organisatorischen Praxis bewerten die Vorgesetzten Personen, Organisationen oder Ereignisse in numerischer Form, z. B. durch Einstufung in Kategorien von sehr gut bis ungenügend, von Spitzenleistung bis unterdurchschnittlich oder von hervorragend bis mangelhaft. Diese Einstufungssysteme haben den Vorteil, dass sie einen einfachen Vergleich zwischen verschiedenen Einheiten zu ermöglichen scheinen. Dies wäre aber nur sicher der Fall, wenn die Bewertenden sicher auch die gleichen Messkonzepte anlegen und es zudem für die Bewertenden möglich ist, die Bewertung der Kompetenz überhaupt vorzunehmen sowie das Beobachtete in numerische Kategorien zu übersetzen.

In der Organisationspraxis besteht die kombinierte Bewertung von Kompetenzen und Leistung in der Regel aus numerischen Bewertungsskalen und Kommentarbereichen (Brutus, 2010). Dabei sammeln Vorgesetzte über einen längeren Zeitraum hinweg eine Vielzahl an Beobachtungen. Die Übertragung dieser Beobachtungen in einen einzigen numerischen Wert ist anspruchsvoll und kann zu wenig aussagekräftigen bis hin zu falschen Bewertungen führen, die nicht die tatsächliche individuelle Kompetenz widerspiegeln (Adler et al., 2016). Dennoch ist diese kombinierte Messung von Leistung und Kompetenz durch den Vorgesetzten in der Praxis vorherrschend, häufig in Form von Jahresgesprächen, die durch Fragebögen vorbereitet werden. Hier kommt regelmäßig eine numerische Bewertungsskala zum Einsatz. Dadurch werden Kompetenz- und Leistungsbeurteilung miteinander verknüpft und die Anfälligkeit für die gleichen Probleme in der Messung steigt.

Zur Kompetenzbewertung durch Vorgesetzte gibt es vergleichsweise wenig Forschung, wohl aber zu der Leistungsbeurteilung, die häufig gleichzeitig stattfindet. Aufgrund der Ähnlichkeit der Messung ist davon auszugehen, dass die Probleme auf beide Messbereiche gleichermaßen zutreffen. Beurteilungen gehören zu den wichtigsten und meist erforschten Praktiken des Personalmanagements (Iqbal et al., 2015; Kuvaas, 2006). Als breit gefächerter Begriff umfasst die Mitarbeitendenbeurteilung eine Vielzahl von Prozessen: Organisationen versuchen durch sie Mitarbeitende zu bewerten, ihre Fähigkeiten weiterzuentwickeln, ihre Leistung zu steigern und Entscheidungen in Bezug auf Förderungen zu treffen (Fletcher, 2001). Die Beurteilung wird jedoch nicht nur für individuelle Entscheidungen genutzt, sondern kann auch organisationale Ziele unterstützen und damit die strategische Ausrichtung des Unternehmens beeinflussen (Pulakos et al., 2015). Fletcher (2001) stellt fest, dass sich kein standardisierter Beurteilungsprozess beschreiben lässt, da die Methoden – je nach Unternehmen – durch die Vielzahl an möglichen Ansätzen der Leistungsbeurteilung variieren.

Neben der Herausforderung, Beobachtungen in einen geeigneten numerischen Wert zu übersetzen, erschweren zudem kognitive Biases eine adäquate Reflektion individueller Mitarbeitendenkompetenzen. Biases, die besonders häufig im Beurteilungsprozess auftreten, sind der Leniency Bias und der Centrality Bias (Prendergast, 1999), der Halo Effekt (Murphy et al., 1993), und Favoritism (Prendergast, 1996). Prendergast (1999) verwendet den Begriff „Leniency Bias", um zu beschreiben, dass Bewertende dazu neigen, die Leistung von Mitarbeitenden übermäßig positiv zu bewerten und somit hohe Bewertungen zu vergeben. Dies kann laut Autor dazu führen, dass die tatsächliche Leistung nicht vollständig erfasst wird und die Bewertungen insgesamt zu großzügig ausfallen. Laut Hoffman et al. (1991) können der Leniency Bias und ähnliche Verzerrungen auftreten, wenn Bewertende die Bewertungsinstrumente nicht richtig nutzen, oder subjektive Vorlieben und persönliche Beziehungen in ihre Bewertungen einbeziehen.

Der Centrality Bias hingegen bezieht sich darauf, dass Bewertende dazu neigen, die Leistung von Mitarbeitenden in der Mitte des Bewertungsspektrums zu platzieren und weniger extreme Bewertungen zu vergeben (Prendergast, 1999). Dies führt laut Autor zu einer Konzentration der Bewertungen im mittleren Bereich und einer Verringerung der Unterscheidungsfähigkeit zwischen den einzelnen Leistungsstufen. Die Studie von Tett et al. (1991) legt nahe, dass der Centrality Bias auftritt, wenn Bewertende Unsicherheit oder Vorsicht bei der Bewertung von Mitarbeitenden empfinden und vermeiden möchten, extreme Bewertungen abzugeben.

Diese Verzerrungen können bei Leistungsbeurteilungen in unterschiedlichem Ausmaß auftreten: Die Studie von Berger et al. (2013) zeigt, dass bei der Verwendung von Forced Distribution Systemen eine erhöhte Tendenz zu dem Centrality Bias beobachtet werden kann. Den Leniency Bias hingegen beobachteten die Autoren eher, wenn es an klaren Bewertungskriterien und einem einheitlichen Verständnis der Leistungserwartungen mangelte.

Bei dem Halo-Effekt wird eine allgemeine positive oder negative Einschätzung einer Person oder einer bestimmten Eigenschaft auf andere Bereiche übertragen, ohne dass diese tatsächlich beobachtet oder bewertet wurden (Murphy et al., 1993). In Leistungsbeurteilungen kann der Halo Effekt dazu führen, dass die Gesamtbewertung einer Person von einer einzigen positiven oder negativen Eigenschaft oder Leistung beeinflusst wird (Bechger et al., 2010). Dies kann laut den Autoren zu einer Verzerrung der Leistungsbewertung führen, da andere Aspekte der Leistung nicht angemessen berücksichtigt werden. Der Halo Effekt kann aus vielen verschiedenen Gründen auftreten: Als Beispiel wird genannt, dass Bewertende (unbewusst) versuchen, frühere Bewertungen mit aktuellen Beurteilungen in Einklang zu bringen, oder sich stark von ihrem Gesamteindruck beeinflussen lassen.

Der Favoritism Bias bezieht sich auf eine verzerrte Bewertung von Mitarbeitenden, bei der bestimmte Mitarbeitende aufgrund persönlicher Vorlieben der Bewertungsperson bevorzugt behandelt werden (Iqbal & Ahmad, 2020). Dieser Bias kann dazu führen, dass die Leistung bestimmter Mitarbeitender überbewertet wird, während die Leistung anderer Mitarbeitender unterbewertet oder übersehen wird (Lasisi et al., 2022). Auch durch diesen Bias werden laut Autoren Entscheidungen getroffen, die die Mitarbeitendenzufriedenheit langfristig negativ beeinflussen.

Ein weiterer Effekt, der die Kompetenzmessung erschwert, ist der Anchoring Effekt. Dieser besagt, dass frühere Leistungsinformationen als Anker dienen, der die aktuelle Bewertung der Leistung beeinflussen kann (Thorsteinson et al., 2008). Studien haben festgestellt, dass die Voreingenommenheit der Beurteilenden einen großen Einfluss auf die Leistungsbewertung hat (Scullen et al., 2000). Die Verankerung ist eine der stärksten und bekanntesten Verzerrungen in Laborexperimenten (Beggs & Graddy, 2009). Sie scheint unbeabsichtigt und unbewusst zu funktionieren, da sie schwer zu vermeiden ist, selbst wenn Personen vorgewarnt sind (Wilson et al., 1996).

Traditionell wurde die Verantwortung für Bewertungsfehler auf die Bewertenden übertragen (Iqbal et al., 2015). Die Autoren haben in ihrer Studie 40 Faktoren (Fehler/Voreingenommenheit) in drei Gruppen eingeteilt: bewertendenzentrierte, beziehungszentrierte und systemzentrierte Fehler. Sie gehen davon aus, dass diese Kategorisierung Forschende und Praktizierende der Leistungsbeurteilung dazu veranlasst, Verzerrungen zu reduzieren und die Genauigkeit zu erhöhen.

Um den Einfluss von Biases auf die Beurteilung zu mindern, wurden verschiedene Faktoren im Beurteilungsprozess untersucht. Laut Kuvaas (2006) ist der Rhythmus, in dem die Beurteilungen stattfinden, unternehmens- und kontextabhängig. Traditionell finden sie einmal im Jahr statt, es gibt aber durchaus auch Unternehmen, die auf eine kontinuierliche und regelmäßige Bewertung setzen (Kuvaas, 2006). Grundsätzlich geht mit einer kontinuierlichen Leistungsbeurteilung eine höhere Beurteilungszufriedenheit einher (Kuvaas, 2006). Da Bewertungen eine wichtige Entscheidungsgrundlage sind, können jedoch falsche Zuordnungen schwerwiegende Auswirkungen auf die Person haben, die falsch bewertet wird, und somit können sich Bewertungen selbst insgesamt als weniger solide Entscheidungsgrundlage erweisen (Adler et al., 2016).

Einen weiteren Schwerpunkt stellt der Zeitrahmen, bzw. die Frage nach dem idealen Zeitrahmen für Leistungsbeurteilungen, dar (Fletcher, 2001). Unternehmen erkennen zunehmend den Wert von regelmäßigem Feedback, um die Leistung kontinuierlich zu erfassen und auf Veränderungen und Anforderungen des Arbeitsumfelds flexibel reagieren zu können (Adler et al., 2016).

Da Mitarbeitende in der Regel von ihren direkten Vorgesetzten nach individuellen Kriterien beurteilt werden, basiert die Einschätzung unumgänglich auf der subjektiven Wahrnehmung des jeweiligen Vorgesetzten, wodurch unzutreffende Beurteilungen begünstigt werden (Berger et al., 2013). Um diesem Problem entgegenzuwirken, können weitere Personen wie Kolleg:innen oder Kund:innen in den Beurteilungsprozess einbezogen werden, um ein umfassenderes Bild der Leistung zu erhalten (Bracken et al., 2001). Gillipsie et al. (2006) stellen fest, dass die Kommentare der Vorgesetzten dabei deutlich klarer formuliert werden als die von Kolleg:innen. Laut Bracken et al. (2001) kann das 360-Grad-Feedback, effektiv ausgeführt, zielgerichtete und langfristige Verhaltensänderungen bewirken. Adler et al. (2016) merken jedoch an, dass diese Methode in der Praxis durch etwaige rollenbedingte Meinungsverschiedenheiten zu Komplikationen führen kann.

Eine weitere Messmethode ist die Leistungsbewertung nach einem Forced Distribution System (FDS) (Chattopadhayay & Ghosh, 2012). Hierbei werden die Mitarbeitenden der Organisation in vorgegebene Kategorien oder Ränge eingestuft, die auf einer festgelegten Verteilungskurve basieren (Schleicher et al., 2009). Die Methode erfordert, dass jeweils eine bestimmte Anzahl von Mitarbeitenden in den Kategorien „Top-Performer", „Durchschnitt" und „Unterperformer" platziert werden, unabhängig von den tatsächlichen individuellen Leistungen (Guralnik et al., 2004). Guralnik et al. (2004) beschreiben, dass dadurch eine normative Verteilung der Leistung erzwungen wird, was zu einer starken Fokussierung auf die Unterscheidung zwischen den Mitarbeitenden führen kann.

Obwohl Verfahren wie eine kontinuierliche Messung, 360-Grad-Feedback oder Forced Distribution dazu beitragen sollen, ein klares Bild von den Kompetenzen und der individuellen Leistung von Mitarbeitenden zu zeichnen, bleiben kognitive Biases bestehen. Diese Biases haben einen entscheidenden Einfluss auf die Objektivität und Fairness der Bewertungen und erschweren somit den gesamten Evaluationsprozess (Prendergast & Topel, 1993), insbesondere da die beurteilenden Vorgesetzten eigene Vorurteile und persönliche

Überzeugungen in die Bewertung mit einfließen lassen (Prendergast, 1999). Biases sind insofern als problematisch zu bewerten, als dass durch sie die Entwicklungsbedürfnisse nicht zuverlässig ermittelt werden können und die Bewertung somit zu einem geringen Mehrwert der Kompetenzbewertungen führt (Prendergast & Topel, 1996).

Um diese Verzerrungen zu minimieren, ist es von hoher Bedeutung, die Verzerrungen in der Leistungsbeurteilung zu erkennen und entsprechende Maßnahmen zu ergreifen (Prendergast & Topel, 1996). Die Autoren betonen, dass Verzerrungen in den Leistungsbeurteilungen nicht nur den einzelnen Mitarbeitenden, sondern auch dem gesamten Unternehmen schaden können, da durch sie beispielsweise Aufgaben nicht adäquat verteilt werden. Die Einrichtung von Kalibrierungskomitees, wie von Demeré et al. (2019) beschrieben, kann dazu beitragen, dass Bewertende ihre Beurteilungen besser abstimmen und Verzerrungen reduzieren. Eine Kombination verschiedener Beurteilungsmethoden kann ebenfalls helfen, Verzerrungen zu verringern und ein umfassenderes Bild der Leistung zu erhalten, wie von Silva und Ribeiro (2021) diskutiert. Abb. 2 zeigt beispielhaft eine Bewertungsverzerrung, die häufig in Beurteilungskontexten vorzufinden ist. Demgegenüber veranschaulicht Abb. 3 beispielhaft eine Kompetenzverteilung. Ein Vergleich der beiden Abbildungen verdeutlicht, dass die Verteilung der Noten nicht mit der Verteilung der Kompetenz übereinstimmt und demnach nicht die wahre Kompetenz widerspiegelt.

Wenn die Bewertung und die tatsächliche Kompetenz einander nicht entsprechen, hat dies weitreichende Konsequenzen für betroffene Mitarbeitende. Trapp und Trapp (2019)

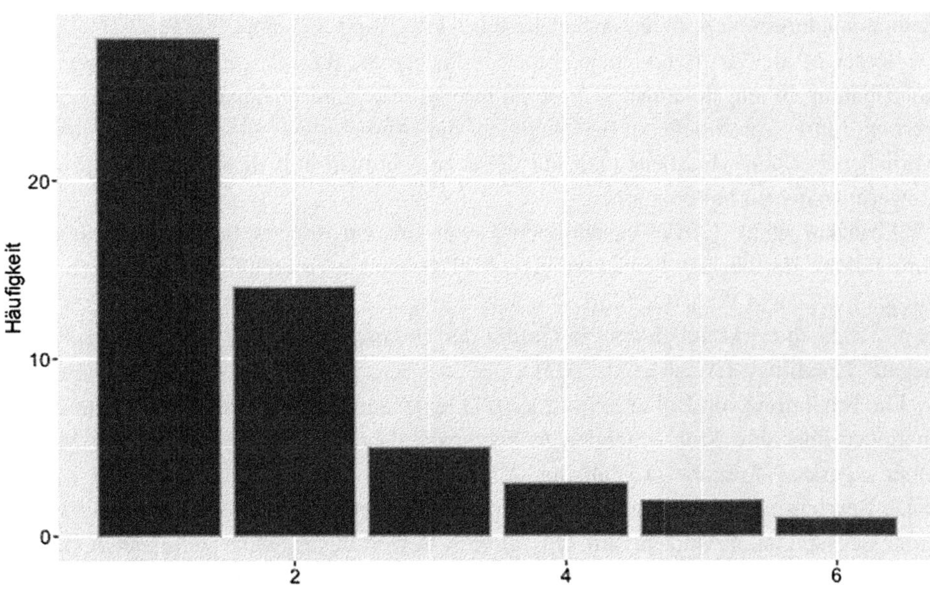

Abb. 2 Beispielhafte Darstellung einer Notenverteilung in Beurteilungsprozessen

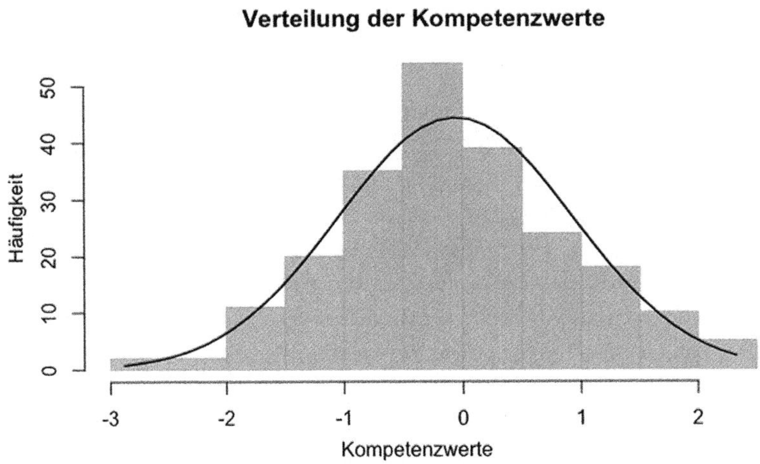

Abb. 3 Beispielhafte Darstellung einer Kompetenzverteilung

stellen fest, dass sich eine Reihe von psychologischen Mechanismen, die durch den Centrality Bias ausgelöst werden, auf die Arbeitsmotivation von Mitarbeitenden auswirkt. Laut den Autoren hat der Centrality Bias einen negativen Einfluss auf die Arbeitsmotivation und die Wahrnehmung der Verfahrensgerechtigkeit bei High-Performern, während er sich auf die Fairnesswahrnehmung von Low-Performern positiv auswirkt. Dies beeinflusst jedoch wiederum nicht deren Arbeitsbereitschaft (Trapp & Trapp, 2019).

Berger et al. (2013) finden in ihrer Studie heraus, dass das Einführen einer Forced Distribution in ein liberaleres System nur zu einer kurz anhaltenden Leistungssteigerung führt. Anschließend beobachteten die Autoren ein zunehmend demotiviertes Verhalten bei den Mitarbeitenden, da diese zum großen Teil nicht mehr ihr gewohntes Bewertungsniveau halten können.

Abubakar et al. (2017) beschreiben Favoritism am Arbeitsplatz in ihrer Studie als Stressfaktor, der bei den benachteiligten Mitarbeitenden zu unhöflichem, zynischem und zurückgezogenem Verhalten führt. Die Schichtung und Spaltung des Arbeitsplatzes (Lasisi et al., 2022) bewirkt außerdem ein Gefühl der Unfairness, was die Beziehung zur Arbeit negativ beeinflusst (Arasli et al., 2021).

Die Ergebnisse von Bol und Smith (2011) legen nahe, dass Vorgesetzte Leistungsinformationen über ihre Mitarbeitenden so verzerren, dass sie mit einer objektiven Messung einer separaten Aufgabe in Einklang stehen würden. Dabei merken sie jedoch an, dass diese Beurteilungsverzerrung auch positiv gesehen werden kann: Wenn Vorgesetzte ihren Ermessensspielraum nutzen, um ein faireres Bewertungsergebnis zu erzielen, könnten die erhöhte Motivation und die Zufriedenheit der Mitarbeitenden die negativen Effekte ausgleichen.

Abb. 4 Schematische Darstellung der Annäherung an die objektive Kompetenz

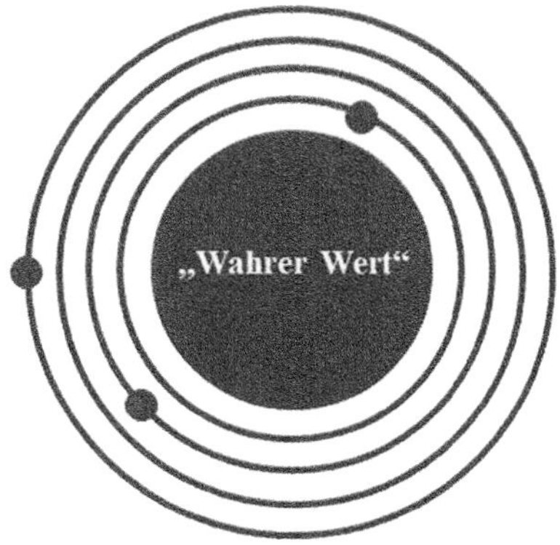

Neben den Problemen der Übersetzung komplexer Konstrukte in einfache numerische Zahlen besteht durch die rein quantitative Messung der weitere Nachteil, dass keine weiteren Informationen durch die Zahl übermittelt werden. In der Praxis werden für etwaige Begründungen häufig zwar Freitextfelder in die Bewertungsbögen eingefügt, allerdings praktisch von den Beurteilenden kaum genutzt. Die fehlende Begründung führt auch dazu, dass nicht unbedingt sichergestellt werden kann, dass Beurteilende auch wirklich das bewerten, was bewertet werden soll. In der Wissenschaft wird dieses Problem Validitätsproblem der Messung genannt. Wissenschaftlich valide Messungen beruhen daher in der Regel auf psychometrischen Skalen im Bereich der Kompetenz, bei denen durch statistische Verfahren der Skalenbildung getestet wurde, ob sie auch messen, was gemessen werden soll. Auch bei diesen Skalen ist nicht unbedingt vollständig sichergestellt, dass sie den wahren Wert im Sinne der wahren Ausprägung wiedergeben, weil es immer noch zu Beurteilungsfehlern kommen kann. Zumindest wird sichergestellt, dass nichts anderes außer der zu messenden Kompetenz abgefragt wird, sodass von einer besseren Messung als bei unvalidierten Skalen auszugehen ist (Abb. 4).

2 Psychometrische Messungen

Die Bindung kompetenter und talentierter Mitarbeitender kann Unternehmen einen nachhaltigen Wettbewerbsvorteil verschaffen (Carless, 2009). Der Erfolg eines Unternehmens ist demnach maßgeblich von seinem Humankapital abhängig (Elias & Scarbrough, 2004). Aus diesem Grund werden die Kompetenzen von Mitarbeitenden in Unternehmen gemessen, wobei optimalerweise validierte Verfahren wie psychometrische Tests eingesetzt werden. Diese kommen häufig zu Beginn des Arbeitsverhältnisses zum Einsatz, danach seltener.

Die arbeitsplatzbezogene Beurteilung zählt zu den wichtigsten Methoden der Kompetenzbewertung in den verschiedensten Bereichen der Arbeitswelt (Jelovsek, 2015). Dabei stellt sich bei jeder Messung die Frage, ob und wie gut wirklich gemessen wird, was auch gemessen werden soll. Will das Unternehmen beispielsweise Resilienz messen und fragt „Wie flexibel und resilient reagiert Teammitglied X bei neuen Aufgaben?“, so wird schnell deutlich, dass die Frage nicht unbedingt Resilienz abbildet. Zum einen könnten Personen mit „gar nicht“ antworten, wenn es einfach niemals neue Aufgaben im Unternehmen gibt. Zum anderen sind Flexibilität und Resilienz nicht unbedingt gleich und das eine könnte hoch und das andere niedrig ausgeprägt sein. Schlechte Messungen verursachen für Unternehmen hohe Kosten, führen zu einer schlechten Datengrundlage und könnten daher natürlich auch weiterreichende Fehlentscheidungen nach sich ziehen, Aus wissenschaftlicher, aber auch aus unternehmerischer Sicht sind daher die Kriterien Objektivität, Reliabilität und Validität von Messmethoden relevant.

Objektive Messungen liegen vor, wenn die Beantwortung einer Frage nicht davon abhängt, wer sie gestellt hat. Aus Unternehmenssicht ist dieser Aspekt ein häufig unterschätztes Problem, da gerade bei Fragen durch das Management natürlich soziale Erwünschtheit in den Antworten eine Rolle spielen könnte. Reliabilität liegt vor, wenn Messungen zuverlässig sind, also wenn z. B. das Messergebnis nicht von externen Einflüssen abhängt wie zum Beispiel, dass der Vorgesetzte bei der Beantwortung von Fragen über die Schulter schaut oder nicht. Allgemein werden Messungen als reliabel bezeichnet, wenn eine Messung zuverlässig auch bei mehrfacher Messung dieselben Ergebnisse erzielt. Validität meint schließlich, ob die Fragen zu einem Konstrukt (hier im Beispiel „Resilienz“) inhaltlich das Konstrukt wirklich in seiner Umfänglichkeit erfassen. Mit anderen Worten stellt die Validität die Frage, ob wirklich genau das gemessen wird, was auch gemessen werden soll.

Gerade im Hinblick auf diese Kriterien bieten validierte Skalen zur Messung von Kompetenzen den Vorteil, dass alle drei Aspekte einer guten Messung bereits überprüft wurden – anders als bei selbst entwickelten Fragen durch eine Personalabteilung. Von Beratungsinstituten, aber auch in der Diagnostik werden daher validierte Skalen bevorzugt, sogenannte psychometrische Tests (Bartram, 2004; Furnham, 2008a; Morgeson et al., 2007).

Anders als objektive Leistungskriterien (wie zum Beispiel Stückzahlen in einem Fertigungsprozess) erfassen psychometrische Tests typischerweise individuelle Fähigkeiten oder Persönlichkeitsmerkmale, die Rückschlüsse auf die Kompetenzen von Mitarbeitenden erlauben, und nicht deren Arbeitsergebnisse (Bailey, 2017; Hoffman et al., 1991). Oft werden sie daher in Unternehmen eingesetzt, um die Kompetenzen von bereits eingestellten, aber auch potenziellen zukünftigen Mitarbeitenden zu beurteilen (Bartram, 2004). Psychometrische Tests können grob in Eignungstests und Persönlichkeitstests unterschieden werden (Furnham, 2008a; Jenkins, 2001). Problematisch ist bei den psychometrischen Tests, dass eine Validierung anhand der „ground truth“, also des wahren Wertes, im Prinzip nicht erfolgen kann.

2.1 Persönlichkeitstests

Es wurde lange Zeit angenommen, dass Persönlichkeit und Arbeitsleistung nicht in Verbindung stehen würden, bis die Forschung in den frühen 1990er Jahren zeigte, dass die Persönlichkeit durchaus die Arbeitsleistung vorhersagen kann. (Morgeson et al., 2007). Daraufhin fanden Persönlichkeitstests in Auswahlverfahren mit hohen Anforderungen zunehmend ihren Weg in die Praxis (Morgeson et al., 2007; Rothstein & Goffin, 2006). Da Persönlichkeitsmaße häufig nicht mit den Fähigkeitsmaßen zusammenhängen, können sie die Gesamtvalidität eines Auswahlverfahrens deutlich erhöhen (Bartram, 2004). Persönlichkeitsbeurteilungen sollen erkennen lassen, wie gut das natürliche Verhalten einer Person mit den Anforderungen verschiedener Berufe und der Unternehmenskultur harmoniert (Bailey, 2017). Passen diese nicht zusammen, müssen die Mitarbeitenden unnatürliche Verhaltensmuster annehmen, wodurch Unzufriedenheit und Spannungen entstehen können (Verquer et al., 2003). Eine Übereinstimmung zwischen natürlichem Verhalten und Arbeitsanforderungen führt laut den Autoren eher zu Arbeitszufriedenheit, Engagement im Unternehmen und geringeren Kündigungsabsichten.

Es existiert eine Vielzahl an Methoden zur Persönlichkeitsmessung, die in Unternehmen zum Einsatz kommen. Furnham (2008a) benennt in seiner Studie allein 21 verschiedene Persönlichkeits-/Motivationstests. Zu den am meisten verwendeten Instrumenten zählen dabei der Myers-Briggs Type Indicator (MBTI), das Occupational Personality Questionnaire (OPQ), die Fundamental Interpersonal Relations Orientation (FIRO), sowie der Belbin Team Role Test (Furnham, 2008a). Obwohl diese Methoden am weitesten verbreitet sind, stellt der Autor fest, dass sie von den befragten Personalfachkräften nicht als am nützlichsten eingeschätzt werden. Dass sie dennoch eingesetzt werden, begründet Klehe (2004) durch den institutionellen Druck. Dieser kann laut der Autorin zum einen durch rechtliche und langfristige wirtschaftliche Erwägungen und zum anderen durch Bedenken hinsichtlich der Reaktionen der Bewerber und kurzfristige ökologische Erwägungen entstehen. Subramony (2006) nennt als weitere mögliche Begründung, dass Unternehmen bevorzugt solche HR-Praktiken übernehmen, die sich mit ihren strategischen Zielen decken. Um einen Überblick über die gängigsten Persönlichkeitstests zu geben, werden diese im Folgenden kurz erläutert.

Der **Myers-Briggs Type Indicator** (MBTI) baut auf die 1921 veröffentlichte Theorie psychologischer Typen von Carl Jung auf und wurde in den folgenden Jahrzehnten von Katherine Cook Briggs und Isabel Myers weiterentwickelt (Stein & Swan, 2019). Er unterteilt in sechzehn verschiedene Persönlichkeitstypen, wozu er vier Kategorien in Dichotomien gegenüberstellt: Introversion vs. Extroversion, Sensing vs. Intuition, Thinking vs. Feeling und Perception vs. Judgement (Michael, 2003). Obwohl der MBTI in der Praxis zu den am häufigsten verwendeten und untersuchten Tests zählt (Offermann & Spiros, 2001), ist er in wissenschaftlichen Fachkreisen stark umstritten (Stein & Swan, 2019).

Das **Occupational Personality Questionnaire** (OPQ) beinhaltet in seiner umfassendsten Version 30 in drei Kategorien zusammengefasste Skalen, die jeweils in Verbindung mit Beziehungen zu Menschen, Denkstil und Emotionen stehen (Furnham et al., 2014). Dabei geben die Probanden den Grad ihrer Zustimmung zu jeder Aussage auf einer fünfstufigen Likert-Skala an. Da frühere Bewertungen des OPQ eher kritisch ausgefallen sind (Barrett et al., 1996), wurde der Fragebogen erheblich weiterentwickelt, sodass aktuellere Beurteilungen die konstrukt- und kriteriumsbezogene Validität des Tests als positiv bewerten (British Psychological Society, 2007).

William Schutz veröffentlichte 1958 die dreidimensionale Theorie der **Fundamental Interpersonal Relations Orientation** (FIRO) (Furnham, 2008b). Über die Jahre hinweg wurde sowohl die Theorie als auch der zugehörige Fragebogen immer weiterentwickelt (Schutz, 1992). Der Fragebogen enthält 54 Items, bei denen die Befragten ihre Verhaltenspräferenzen und -muster mit denen anderer Menschen vergleichen und typische Verhaltensmuster beschreiben sollen (Ahmetoglu et al., 2010). Die Autoren merken an, dass kaum Belege für den Nutzen des FIRO-B für Auswahl- und Bewertungszwecke existieren, abgesehen von einer neueren Studie von Furnham et al. (2007), die aufdeckt, dass zwischenmenschliche Eigenschaften für die Beförderung von Führungskräften relevant sein können.

Zusätzlich zu den Herausforderungen der Persönlichkeitsmessung gewinnt die effektive Zusammenarbeit im Team in immer mehr Unternehmen an Bedeutung (Aritzeta et al., 2007). Besonders im Zusammenspiel mit anderen Mitarbeitenden wird es dadurch immer wichtiger, die Persönlichkeit des einzelnen Mitarbeitenden gut einschätzen zu können. Meredith Belbin definierte auf der Grundlage von Untersuchungen mit Managementteams in ihrem **Team Role Test** neun verschiedene Rollen: Den Wegbereiter, den Teamarbeiter, den Koordinator, den Beobachter, den Neuerer, den Spezialisten, den Umsetzer, den Perfektionisten und den Macher (Aritzeta et al., 2007). Die neuere Version des Fragebogens umfasst 70 Items, anhand derer den Befragten eine bestimmte Teamrolle zugewiesen wird (Furnham et al., 1993). Das Untersuchen der Rollen und Funktionen von Einzelpersonen innerhalb einer Teamstruktur ermöglicht es Manager:innen, sinnvolle Positionsbesetzungen durchzuführen, um eine möglichst effektive Arbeitsweise des Teams zu gewährleisten (Mumford et al., 2008). Unter einer Rolle versteht man dabei allgemein eine Palette an charakteristischen Verhaltensweisen einer Person in einem bestimmten Umfeld, die von dem Auftreten Anderer abhängig sind (Stewart et al., 2005). Dadurch wird die Herausforderung, die individuelle Persönlichkeit korrekt zu messen, um eine weitere Herausforderung ergänzt: Die Aggregation der Persönlichkeit auf ein übergeordnetes Rollenbild.

Allgemein bewerten Aritzeta et al. (2007) die Validität des Teamrollen-Modells nach Belbin, sowie des zugehörigen Fragebogens, als konvergent und angemessen. Die Autoren bemängeln jedoch die starken Assoziationen zwischen einigen Teamrollen, die auf eine schwache diskriminante Validität einiger Skalen hindeuten.

2.2 Eignungs-/Fähigkeitstests

Eignungstests werden verwendet, um Informationen über die Fähigkeiten oder das Lernpotenzial zu erhalten, mit verbalen, numerischen oder abstrakten Daten umzugehen (Bailey, 2017; Carless, 2009). Zur Messung der Fähigkeiten und der Eignung der Mitarbeitenden in Unternehmen sind deutlich weniger Instrumente bekannt (Furnham, 2008a). Die drei am häufigsten von den befragten Personalfachkräften verwendeten Fähigkeitstests/Eignungstests waren bislang der Watson–Glaser Test, der Graduate and Managerial Assessment Test (GMA) und der Advanced Managerial Tests (AMT) (Furnham, 2008a).

Der **Watson–Glaser Critical Thinking Appraisal** (W-GCTA) Test ist einer der ältesten und am häufigsten verwendeten Multiple-Choice-Tests für kritisches Denken, der in Unternehmen für Auswahl- und Bewertungsverfahren eingesetzt wird (Possin, 2014). Der Test misst verschiedene, jedoch voneinander abhängige Aspekte des kritischen Denkens in fünf Kategorien: Schlussfolgerungen, Erkennen von Annahmen, Deduktion, Interpretation und Bewertung von Argumenten (Hassan & Madhum, 2006). Die neueste Version des Tests stammt aus dem Jahr 1994 und besteht aus 40 Items, die in 45 min bearbeitet werden (Bernard et al., 2008). Possin (2014) bemängelt aufgrund der mehrdeutigen und unklaren Anweisungen des Tests jedoch stark dessen Konstruktvalidität. Darüber hinaus kritisiert der Autor, dass fehlerhaft bewertete Items die Validität des Tests zusätzlich verringern.

Der **Graduate and Managerial Assessment Test** (GMA) wurde 1985 von Blinkhorn entwickelt, um das logische und kritische Denken sowie dessen Flexibilität messbar zu machen (Moutafi et al., 2003). Der GMA besteht aus drei Teilen: verbal, numerisch und abstrakt (Furnham, Dissou, et al., 2007). Es handelt sich um einen 30-minütigen Test auf hohem Niveau, der die Fähigkeit prüft, konzeptionell zu denken, sowie leicht zwischen Kontexten und Analyseebenen zu wechseln (Furnham, Dissou, et al., 2007). Dazu sollen 115 Fragen beantwortet werden, die in 23 Gruppen mit je fünf Fragen unterteilt sind (Moutafi et al., 2003).

Die **Advanced Managerial Tests** (AMT) wurden entworfen, um Fähigkeiten zu messen, die für mittlere und höhere Führungspositionen erforderlich sind (Beardmore-Gray et al., 2003). Die Autoren beschreiben vier verschiedene Subtests, von denen jeweils zwei die verbale und zwei die numerische Eignung messen sollen: beispielsweise Wortgebrauch und Textverständnis, sowie Rechenkenntnisse und zahlenbasierte Entscheidungsfindung.

2.3 Einsatz in Unternehmen

Hauptsächlich kommen psychometrische Tests in großen Organisationen zum Einsatz, während kleinere Unternehmen oft von den hohen Kosten abgeschreckt werden (Jenkins, 2001). Dass Arbeitgeber und Arbeitgeberinnen sich trotz des großen Kostenpunkts für die Verwendung der Tests entscheiden, lässt Jenkins (2001) vermuten, dass diese bei der Testung eine klare Zielsetzung verfolgen.

In der Regel werden die Mitarbeitenden von Personalfachleuten (Wolf & Jenkins, 2006) und Führungskräften (Carless, 2009) getestet. Vor allem Personalentwickler:innen scheinen durch ihre Expertise im Bereich „Lernen und Entwicklung" besonders geeignet zu sein, die Mitarbeitenden bei der Weiterbildung ihrer Kompetenzen zu unterstützen (Gilley & Maycunich, 2000). Auch die Studie von Reio und Sutton (2006) legt nahe, dass Personalentwickler:innen die Arbeitsleistung durch Förderung der zwischenmenschlichen und technischen Kompetenzen mit Schulungs- und Entwicklungsmaßnahmen stark beeinflussen könnten.

Um effektiv arbeiten zu können, müssen Personalleiter:innen mit den besten Praktiken in einer Vielzahl von Tätigkeiten vertraut sein (Griffeth & Hom, 2001). Furnham (2008a) stellt fest, dass die Wahl der verwendeten psychometrischen Tests der Praktiker und Praktikerinnen abhängig von verschiedenen Faktoren wie akademischer Ausbildung, geographischem Arbeitskontext oder Marketing der Testanbieter ist. Dabei messen einige Tests berufsspezifische Kompetenzen, während sich andere auf ein allgemeines Fähigkeitsspektrum konzentrieren (Jenkins, 2001). Škrinjarić (2022) erachtet es als sinnvoll, genau zu definieren, welche Kompetenzen für die Unternehmen zur Aufrechterhaltung einer hohen Wettbewerbsfähigkeit von Nöten sind. Dabei schlägt der Autor vor, den Blick auch auf die Zukunft zu richten, um neue Trends, die durch den zunehmenden Digitalisierungsprozess entstehen, bereits im Vorhinein zu erkennen und vor diesem Hintergrund entsprechende Kompetenzen zu messen.

2.4 Kritik

Psychometrische Tests werden trotz ihrer Vorteile in der Handhabung und Interpretierbarkeit häufig als Messinstrumente infrage gestellt (Tett et al., 1991). In der wissenschaftlichen Literatur wird die Validität verschiedener Bewertungsmethoden kontrovers diskutiert (Ahmetoglu et al., 2010; Possin, 2014; Stein & Swan, 2019). Bei nicht-sachgemäßer Anwendung können psychometrische Tests die Bewertungen verfälschen, wodurch es zu schlechten oder sogar diskriminierenden Entscheidungen kommen kann (Bailey, 2017). Der Einsatz von Persönlichkeitstests wird sowohl wegen ihres fraglichen Nutzens als auch aus Fairness-Gründen kritisch gesehen (Paul, 2010).

Laut Morgeson et al. (2007) sind Fälschungen von Selbstauskünften bei Persönlichkeitstests unvermeidbar. Obwohl die Gesamtvalidität von Persönlichkeitsmessungen dadurch nicht nachhaltig beeinträchtigt wird, kritisieren die Autoren, dass das Fälschen das Risiko von weniger genauen Entscheidungen auf individueller Ebene erhöht. Aktuelle Forschungsergebnisse deuten darauf hin, dass eine Warnung vor Täuschungsversuchen und/oder der Einsatz eines Forced-Choice-Persönlichkeitstest, die Auswirkungen von Täuschungsversuchen effektiv begrenzt (Rothstein & Goffin, 2006). Ähnlich wie bei dem in Abschn. 3.1 angesprochenen Forced-Distribution-System müssen die Teilnehmenden bei dem FC-Persönlichkeitstest eine oder mehrere Aussagen aus mehreren vorgegebenen

Optionen auswählen (Cao & Drasgow, 2019). Ein weiteres Problem besteht darin, dass einige Manager:innen häufig Schwierigkeiten haben, die Ergebnisse der Eignungstests korrekt zu interpretieren, wie Muchinsky (2004) berichtet.

2.5 Vorteile

Neben diesen Risiken bringen die psychometrischen Tests einige potenzielle Vorteile mit sich: Zum einen werden durch sie überprüfbare Aufzeichnungen generiert, die interpretierbar sind und Entscheidungen objektiv rechtfertigen können (Bailey, 2017). Anders als die traditionellen Auswahlinterviews, sind psychometrische Tests laut dem Autor außerdem weniger von Verzerrungen betroffen.

Außerdem bringen die Messungen vorteilhafte praktische Auswirkungen mit sich: Personen, die Auswahlinstrumente und -prozesse als verfahrensmäßig fair und arbeitsplatzbezogen bewerten, haben eine positivere Wahrnehmung des Unternehmens und berichten von besseren Mund-zu-Mund-Propaganda-Absichten (Hausknecht et al., 2004). Obwohl psychometrische Tests von den Teilnehmenden in der Regel als eher unangenehm empfunden werden (Bailey, 2017), halten die meisten die Durchführung für fair und gerechtfertigt (Hausknecht et al., 2004).

2.6 Fazit

Obwohl einige psychometrische Tests in der Forschung kaum Verwendung finden und von Forschenden häufig im Hinblick auf ihre psychometrischen Eigenschaften kritisiert werden, sind sie in der Praxis nach wie vor sehr beliebt (Furnham, 2008a). Erklärungsansätze für diese Beobachtung sind zum einen der institutionelle Druck (Klehe, 2004), sowie zum anderen die strategischen Zielsetzungen des Unternehmens (Subramony, 2006). Psychometrische Tests stellen darüber hinaus ein Messinstrument dar, das schnell interpretierbare Ergebnisse liefert, die bei einer Entscheidungsfindung hilfreich sein können (Bailey, 2017).

Es ist sogar wahrscheinlich, dass die Verwendung von Tests weiter zunehmen wird, wobei ihre Auswirkungen auf die Effizienz der Auswahl jedoch unklar bleiben (Wolf & Jenkins, 2006). Die wissenschaftliche Literatur ist sich uneinig, ob weiterführende Forschung die Kluft zwischen Wissenschaft und Praxis erweitern oder verringern wird (Muchinsky, 2004). Latham (2001) erwartet, dass sich diese Kluft durch die Veröffentlichung wissenschaftlicher Artikel mit praktischem Bezug verkleinern wird. Hulin (2001) hingegen ist der Ansicht, dass Wissenschaft und Praxis nicht miteinander vereinbar sind, da sie von unterschiedlichen Prioritäten und Werten geleitet werden. Muchinsky (2004) schlägt vor, dass eine engere Verbindung zwischen Wissenschaft und Praxis erreicht werden kann, indem ein größeres Verständnis der Probleme im Zusammenhang mit der praktischen Umsetzung von theoriegestützten Interventionen erreicht wird.

Als Zwischenfazit bleibt festzuhalten, dass die bisher vorrangigen Messmethoden sowohl Vor- als auch Nachteile aufweisen. Ein gemeinsamer Nachteil aller bisher etablierten Messmethoden ist das Problem, dass Evaluierende die Bewertung in Form einer Einschätzung explizit machen muss. Bei qualitativen Bewertungen erfolgt dies häufig verbal, allerdings scheitert die Einschätzung regelmäßig daran, dass Bewertende zu knapp formulieren, weil schriftliche Formulierungen ermüdenend und anstrengend sind. In quantitativen Bewertungen müssen Bewertende Einschätzungen in Zahlen bzw. Noten übersetzen. Da nicht alle Personen dazu gleichermaßen in der Lage sind, entstehen hier Fehler. Gemeinsam ist qualitativen und quantitativen Verfahren weiter, dass die Bewertenden zur Milde neigen und auch nicht ausreichend zwischen Personen differenzieren, sodass diejenigen, die besonders stark gefördert werden müssten oder auch diejenigen, bei denen bestimmte Kompetenzen besonders stark vorhanden sind, nicht genau identifiziert werden können.

Qualitative Verfahren bringen den Vorteil einer möglichen Begründung mit sich. Durch die verbale Einschätzung wird auch externen Beobachtenden oder Beurteilten deutlich, welche Aspekte einzelner Kompetenzen bewertet wurden und wie die Einschätzungen zu Stande kommen. Auf der anderen Seite wird es fast unmöglich, Mitarbeitende in eine Reihung nach Kompetenzen zu bringen, da die qualitativen Einschätzungen nur mit großem Aufwand oder auch gar nicht in ein Verhältnis zueinander gesetzt werden können. Quantitative Verfahren kehren Vor- und Nachteile um: Hier ist – durch die numerische Zuordnung von Kompetenz zu Zahlenwert – eine leichte Reihung möglich. Umgekehrt fehlt eine Begründung der Einschätzung in der Regel vollständig, sodass weder Beurteilten noch Externen deutlich ist, was genau eigentlich zu der numerischen Einschätzung geführt hat.

Eine Möglichkeit, die beiden Vorteile zu verbinden bieten automatische Übersetzungen qualitativer Texte in quantitative Werte. Dies kann durch semantische Analysen im Machine-Learning erreicht werden. Im Folgenden zeigen wir eine Option hierzu auf, die Kompetenzanalyse mittels sprachbasierter Messungen.

3 Sprachbasierte Messungen und Übersetzung mittels Machine Learning

3.1 Aktuelle Nutzung von qualitativen Verfahren

Bei der Kompetenzmessung im organisationalen Kontext stehen psychometrische Messungen nicht allein, sie werden durch Kommentarfelder ergänzt (Brutus, 2010). Insbesondere vor dem Hintergrund, dass Menschen häufig Schwierigkeiten haben, ihr Wissen in einer

Zahl adäquat widerzuspiegeln (Centeno et al., 2015; Hanson et al., 2013), scheint es lohnenswert, den Fokus auf die begleitenden Kommentare zu legen. Erst die Kommentare verleihen der numerischen Bewertung Kontext und informieren darüber, welche Faktoren bei der Bewertung eine besondere Rolle gespielt haben (Brutus, 2010). Dementsprechend liegt die Überlegung nahe, dass Kommentare sich möglicherweise besser eignen, um Rückschlüsse auf die Kompetenz eines Mitarbeitenden zu ziehen (Hanson et al., 2013).

Allerdings bedeutet eine systematische Berücksichtigung der geschriebenen Kommentare für Unternehmen einen erheblichen Zeit- sowie Arbeitsaufwand (Levy et al., 2017). Während ein Kreuz auf einer Skala schnell gemacht ist und gleichzeitig unmissverständlich und gut dokumentierbar ist, müssen Kommentare erst verfasst, gelesen und methodisch einheitlich ausgewertet werden, um den dargelegten Inhalt nutzbar zu machen. Um die verschiedenen Inhalte verwendbar zu machen, müssen sie in eine Zahl übertragen werden. Zwar vergeben Bewertende in ihrer Evaluation oft direkt eine Zahl begleitend zum Kommentar, allerdings reflektiert die Zahl häufig nicht die im Kommentar beschriebene Kompetenz. Das macht es erforderlich, dass die Kommentare bei einer systematischen Auswertung (z. B. durch die Personalabteilung) in einen numerischen Wert übersetzt werden müssen, denn Zahlen sind nicht nur besser handhabbar, sondern ermöglichen es, die Leistung der Mitarbeitenden in einer Reihenfolge abzubilden. So ist z. B. auf den ersten Blick ersichtlich, welcher Mitarbeitende sich besser für eine bestimmte Aufgabe eignet als andere. Da die Übertragung des Kommentars in eine Zahl jedoch weiterhin in der Hand von Mitarbeitenden bliebe (nun nicht mehr bei dem oder der Beurteilenden, sondern z. B. bei einem oder einer Mitarbeitenden der Personalabteilung), bliebe die Anfälligkeit für Fehlzuweisungen weiterhin bestehen. Zudem müsste die Auswertung aller Kommentare in einheitlicher Form erfolgen, sodass keine Spielräume für individuelle Interpretationen bestehen.

Ein weiterer Problempunkt bei der sprachbasierten Messung ist zudem das Schreiben der Kommentare. Vorgesetzte beurteilen nicht nur einen, sondern viele Mitarbeitende nacheinander. Da die Leistungsbeurteilung nicht die einzige Aufgabe ist, die Vorgesetzte erfüllen müssen, erscheint der Arbeitsaufwand, Kommentare zu schreiben und nutzbar zu machen, zeitlich kaum zu bewältigen (Spence & Keeping, 2011) (Abb. 5).

Geschriebene Kommentare sind jedoch nicht der einzige Weg, die Eindrücke Vorgesetzter abzubilden: Einen anderen Weg stellen gesprochene Kommentare dar. Mit der Aufzeichnung gesprochener Kommentare würde nicht nur der Erhebungsaufwand minimiert, sondern gleichzeitig würden die Vorteile gesprochener Sprache gegenüber geschriebener Sprache genutzt.

3.2 Neue Verfahren der Datengewinnung

Über den organisationalen Kontext hinaus wird gesprochene Sprache gezielt eingesetzt, um ein möglichst klares und genaues Bild von Geschehnissen einzufangen. So ist zum

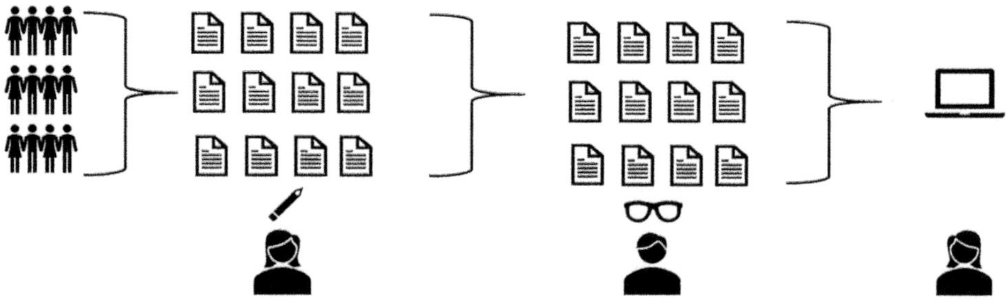

Abb. 5 Schematische Darstellung der Erstellung und Verarbeitung geschriebener Kommentare

Beispiel bei der Polizeiarbeit die gesprochene Sprache das Format, in dem Augenzeugenberichte erfasst werden. Da selbst das kleinste Detail essenziell sein kann, um das Geschehene aufzuklären, werden Augenzeug:innen gebeten, sich genau zu erinnern und über ihre Beobachtungen zu sprechen. Sauerland und Sporer (2011) untersuchen den Einfluss der Modalität (geschriebene – gesprochene Sprache) auf die Qualität und Quantität der Informationen in Augenzeugenberichten. Sie finden, dass gesprochene Berichte ausführlichere und genauere Informationen über das Verbrechen und den Täter enthalten. Aber auch in der Ausbildung im Gesundheitswesen werden gesprochene Kommentare genutzt, um Assistenzärzt:innen besser auf ihre Stärken und Schwächen aufmerksam zu machen (Ginsburg et al., 2015). Kellogg (2007) betrachtet ebenfalls den Einfluss der Modalität (gesprochene – geschriebene Sprache) und zeigt, dass Studierende, die eine Geschichte schriftlich wiedergeben, weniger Details abrufen als Studierende, die die gleiche Geschichte gesprochen wiedergeben. Als Grund hierfür führt Kellogg (2007) an, dass Schreiben das Gedächtnis stärker beansprucht, da es das Speichern und Abrufen graphemischer Codes umfasst, und der Schreibprozess dementsprechend langsamer ist.

Obwohl diese Vorteile gesprochener Sprache sicherlich auch in einem organisationalen Umfeld gelten, stellte die Auswertung gesprochener Kommentare bislang eine Herausforderung dar. Denn obwohl der Erhebungsaufwand gesprochener Kommentare geringer ist als bei geschriebenen Kommentaren, bleibt der Bearbeitungsprozess weiterhin bestehen. Zwar kann gesprochene Sprache mithilfe von geeigneter Transkriptionssoftware schnell in einen geschriebenen Text umgewandelt werden, dennoch musste eine vergleichende Auswertung bislang händisch erfolgen.

Durch die Bewertung mit kurzen Sprachmemos anstelle von schriftlichen Skalen oder einer Bewertung durch Vorgesetzte am Ende des Jahres kann es zudem möglich werden, dass regelmäßig kurze Beurteilungen und Bewertungen eingesprochen werden, zum Beispiel am Ende einer Projektphase. Dadurch würden sich bestimmte Biases, wie zum Beispiel der Recency Bias (zuletzt stattgefundene Ereignisse werden zu stark gewichtet) verringern und die Arbeitsbelastung der Vorgesetzten würde verringert werden. Bei einer Nutzung der Beurteilung durch alle Mitarbeitenden, Vorgesetzten und Kund:innen könnte man zudem ein umfassenderes Bild erreichen, das die Vorteile eines 360°-Feedbacks realisiert. Die vielen kleineren Sprachmemos müssten dann zusammengeführt und systematisch ausgewertet werden. Dies war bislang weniger möglich, kann aber durch neuere Verfahren der semantischen Analyse umgesetzt werden.

3.3 Neue Verfahren der Messung mittels Natural Language Processing

Neue Entwicklungen im Natural Language Processing (NLP) bieten die Gelegenheit, Sprachdaten mit geringem Zeit- und Arbeitsaufwand zu analysieren (Brutus, 2010). Obwohl NLP im organisationalen Umfeld noch nicht weit verbreitet ist (Speer, 2018), findet es bereits vereinzelt Verwendung. In ihrer Studie wenden Hickman et al. (2021) Machine Learning auf Bewerber:innenantworten an, um die Persönlichkeitsmerkmale der Bewerber:innen vorherzusagen. Auch Campbell und Shang (2022) verwendeten maschinelles Lernen, um die Gefahr von fehlerhaftem Verhalten von Organisationen zu prognostizieren. Als Basis für ihre Vorhersage dienten Bewertungen von Mitarbeitenden auf der Job- und Recruiting-Website Glassdoor. Speer (2018) untersuchte in seiner Forschung ebenfalls Beurteilungskommentare und nutzte diese als Basis zur Ableitung von Sentiments, also der zugrunde liegenden Stimmung der Kommentare. Anschließend kam er durch den Einsatz eines Algorithmus zu dem Ergebnis, dass die Sentiment Scores positiv mit den Bewertungen aus dem Folgejahr in Zusammenhang stehen.

Praxistipp

Die Sentimentanalyse stellt eine Methode dar, die dazu dient, die emotionalen Nuancen in Wörtern, Sätzen und umfangreichen Texten zu entschlüsseln. Ihr Hauptziel besteht darin, die in einem Text zum Ausdruck kommende Meinung oder Stimmung zu erkennen. Es gibt eine Vielzahl von Tools und Plattformen für Sentimentanalysen, sowohl als cloudbasierte Dienste als auch als Open-Source-Bibliotheken. Bei der Auswahl eines Tools oder einer Plattform ist es wichtig, die spezifischen Anforderungen Ihres Projekts zu berücksichtigen, einschließlich der unterstützten Sprachen, der Genauigkeit der Analysen und der Integrationsoptionen.

Auch außerhalb des organisationalen Zusammenhangs wird NLP eingesetzt, um Prognosen über Zahlenwerte zu erstellen, wie etwa im Bereich der Online-Bewertungen. In diesem Beispiel werden Machine-Learning Algorithmen mit Rezensionen und den zugehörigen Sterne-Bewertungen angelernt. Auf dieser Grundlage können Produktbewertungen von Nutzer:innen prognostiziert werden, obwohl diese das entsprechende Produkt noch nie gesehen haben (McAuley & Leskovec, 2013).

Die Prognose von numerischen Bewertungen basierend auf Bewertungskommentaren ist auch bei der Beurteilung von Mitarbeitenden in Unternehmen denkbar. Der Einsatz von Algorithmen würde einige Vorteile mit sich bringen: So stünde kein Raum für Verzerrungen durch individuelle Interpretationen der Beurteilenden mehr zur Verfügung und das Risiko von fehlerhaften Bewertungen könnte minimiert werden. Mit Bezug auf diese

Möglichkeit haben wir einen Machine Learning Algorithmus trainiert und getestet. Unser Vorgehen beschreiben wir im Folgenden:

Damit der Algorithmus in der Lage ist, jedem Text numerische Bewertungen *(Noten)* zuzuordnen, mussten zunächst Kommentare für jede Note gesammelt werden. Wie vorangegangene Studien aufzeigten, tendieren Menschen dazu, eher positiv zu bewerten. Sie haben häufig Schwierigkeiten, die Bandbreite an Noten in ihrer Gesamtheit zu nutzen. Um den Algorithmus zu befähigen, auch schlechte Noten aus negativen Kommentaren abzuleiten, mussten dementsprechend Daten verwendet werden, die das gesamte Notenspektrum aufgreifen.

Um diese Voraussetzung zu schaffen, war demnach unsere primäre Zielsetzung zunächst, Daten mit verhältnismäßig gleicher Verteilung zu sammeln. Die Fragen bezogen sich auf die äußersten Grenzen des Kompetenzspektrums. Die Teilnehmenden sollten also nicht nur für das resilienteste Teammitglied, mit dem sie jemals zusammengearbeitet haben, Beschreibungen und Benotungen erstellen, sondern auch für das am wenigsten resiliente. Dies diente dem Zweck, die Teilnehmenden zu ermuntern, sich nicht nur auf positive Erfahrungen zu beziehen, sondern auch mittelmäßige oder geringe Kompetenzausprägungen zu beschreiben. Dadurch war es uns möglich, relativ gleich verteilte Daten, sogenannte Trainingsdaten, zu erheben, mit deren Hilfe der Algorithmus trainiert werden konnte.

Unsere Datenerhebung hat zwischen Januar und März 2020 stattgefunden und Teilnehmende wurden per Convenience Sampling rekrutiert. Zunächst wurde von den Autor:innen und studentischen Hilfskräften eine Gruppe von Teilnehmenden ausgewählt, an die der Link zur Umfrage verteilt wurde. Anschließend wurden diese Teilnehmenden ermutigt, den Link mit anderen zu teilen. Von den ursprünglich 104 Befragten schlossen 77 die Umfrage erfolgreich ab. Obwohl die Daten auf Deutsch erhoben wurden, wurden die Transkripte für die weitere Analyse maschinell ins Englische übersetzt.

Die Kommentarskripte und die den Kommentaren jeweils zugeordneten Noten dienten uns dann als Grundlage zur Operationalisierung eines TF-IDF *(Term Frequency Inverse Document Frequency)* Feature Vectors. Zur Notenprognose haben wir einen Random-Forest- sowie einen XGBoost-Algorithmus trainiert. 80 % der Daten wurden für Trainingszwecke genutzt und die verbleibenden 20 % für Testzwecke (Abb. 6).

Da der Random Forest eine geringere Zahl an Fehlklassifikationen aufweisen konnte und wir einen RMSE *(Root Mean Square Error)* von 0,94 erhielten, haben wir unsere Analysen mit dem Random Forest fortgesetzt. Dies stimmt ungefähr mit der Vorhersageleistung anderer Algorithmen in der Literatur überein (siehe Ganu et al., 2013).

Anschließend haben wir den Algorithmus auf einen separaten Datensatz angewendet. Dies hatte zweierlei Ziele: Zum einen sollte sichergestellt werden, dass die Vorhersageleistung sich nicht nur auf den Trainingsdatensatz begrenzt. Zum anderen sollte so das Verhältnis der Vorhersagen des Algorithmus (im Gegensatz zu vergebenen Noten), in Bezug auf tatsächlich gemessene Kompetenzen, untersucht werden. Das detaillierte Vorgehen wird im Folgenden beschrieben.

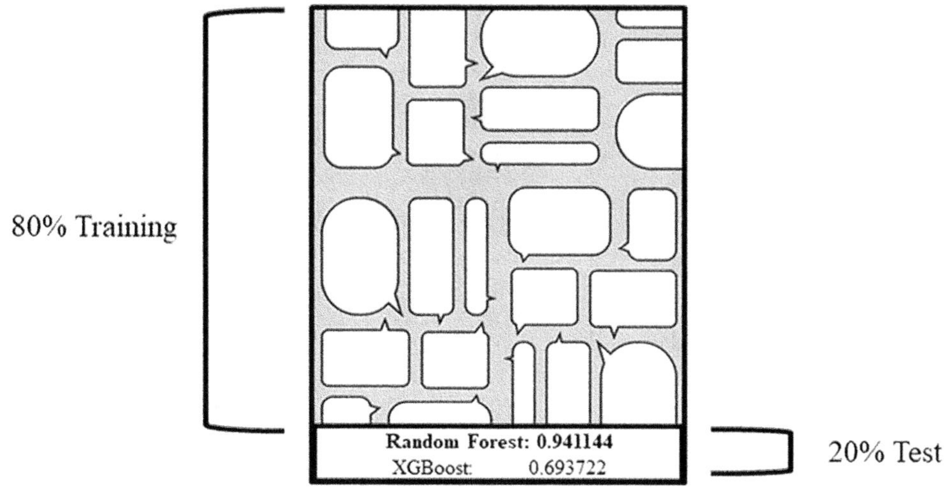

Abb. 6 Schematische Darstellung vom Trainieren des Algorithmus

3.4 Methodik

Um das Verhältnis der Vorhersagen mit der tatsächlichen Kompetenz zu untersuchen, haben wir Kompetenzen gemessen, sowie gesprochene Kommentare und Noten erhoben. Im Detail wurde zunächst die Resilienz der Teilnehmenden mittels eines psychometrischen Tests gemessen. Im Anschluss wurden die Teilnehmenden randomisiert, einer Vierer- oder Fünfergruppe zugeordnet und mussten in der Gruppe eine Teamaufgabe lösen.

Unsere Datenerhebung fand von September 2021 bis April 2022 statt. Zunächst wurden die Antworten auf Deutsch aufgezeichnet und transkribiert. Um die algorithmische Analyse der Audiokommentare zu erleichtern, wurden die deutschen Transkripte ins Englische übersetzt, was dem Vorgehen bei der ersten Datenerhebung entsprach. Von den 240 Teilnehmenden, die die Bewertungen ausfüllten, lieferten 231 eindeutige Audiokommentare, die transkribiert und in die Analyse einbezogen wurden.

Praxistipp

Texttranskriptionen können mittels vortrainierter Modelle in Python, wie zum Beispiel SpeechRecognition oder transformers, effizient durchgeführt werden. Diese Bibliotheken ermöglichen eine einfache Integration und liefern zügige Ergebnisse. Es ist dennoch ratsam, die automatischen Transkriptionen zu überprüfen, um mögliche Fehler zu korrigieren und die Genauigkeit zu verbessern.

Die Aufgabe bestand darin, gemeinsam ein Online Escape Game zu bearbeiten. Im Anschluss an die Teamaufgabe, war jede:r Teilnehmende dazu angehalten, ihre/ seine

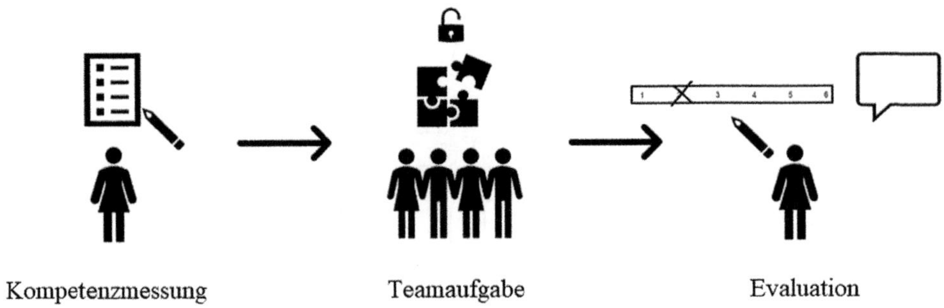

Abb. 7 Schematische Darstellung der Datenerhebung

Teammitglieder hinsichtlich der Resilienz zu bewerten. Hierfür wurden sie gebeten, eine Note für die individuelle Resilienz zu vergeben und dann die Resilienz des Teammitglieds zu beschreiben (Abb. 7).

3.5 Ergebnisse

Um zu prüfen, wie sich Noten und textbasierte Vorhersagen gegenüber der tatsächlich gemessenen Resilienz verhalten, wurden die Verteilungen beider Bewertungsformen mit der Verteilung der psychometrischen Testergebnisse verglichen. Für den Vergleich wurden die Werte mittelwertzentriert und reverse codiert (umgekehrt), sodass hohe Werte für positive und niedrige Werte für negative Kompetenzausprägungen stehen. Die Ergebnisse des Vergleichs werden im Folgenden abgebildet (s. Abb. 8, 9 und 10).

Die Verteilung der psychometrischen Testergebnisse für die Kompetenz Resilient ist normal verteilt und zeigt die höchste Dichte um den Nullpunkt:

Ein Vergleich der Testergebnisse mit den vergebenen Noten der Teilnehmenden veranschaulicht, dass beide Verteilungen kaum Ähnlichkeiten aufweisen. Die Verteilung der Noten ist linksschief und nicht normal verteilt.

Zudem ist erkennbar, dass die Teilnehmenden, wie in der Literatur beschrieben, eine Tendenz zeigen, ihre Teammitglieder besonders positiv zu bewerten (durch die Reverse Codierung stellen hohe Noten gute Bewertungen dar). Demgegenüber ist eine Ähnlichkeit zwischen der Verteilung der psychometrischen Testergebnisse und den Vorhersagen des Algorithmus erkennbar. Sowohl die textbasierten Vorhersagen wie auch die Testergebnisse sind normal verteilt.

Dieses erste Ergebnis deutet darauf hin, dass die numerischen Bewertungen, die mithilfe des Algorithmus vorhergesagt werden, der tatsächlichen Verteilung von Kompetenzen (in diesem Fall Resilienz) besser entsprechen als Noten, die von Teammitgliedern direkt vergeben werden. Zusätzlich haben wir untersucht, wie sich die gegebenen und die vorhergesagten Bewertungen zur korrekten Identifikation verhalten (niedrig ausgeprägte

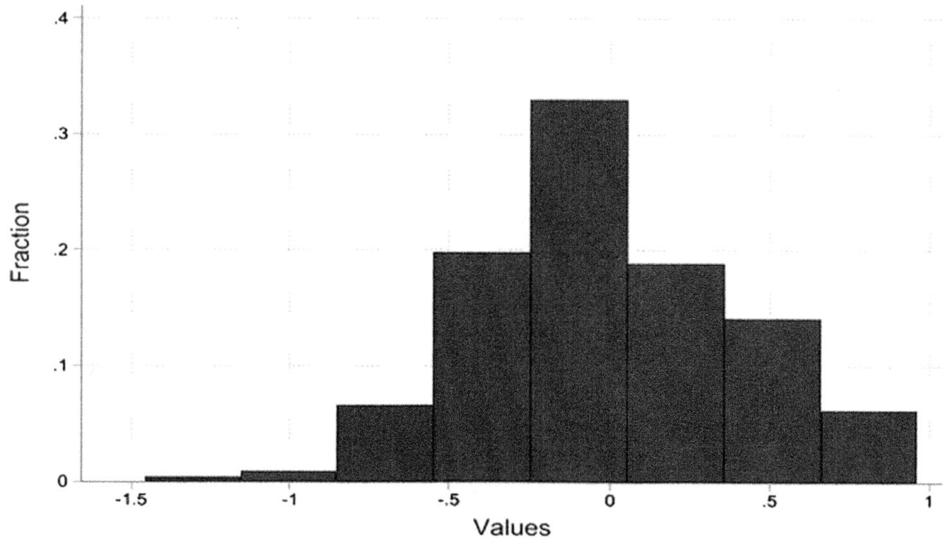

Abb. 8 Verteilung von psychometrischen Testergebnissen für Resilienz

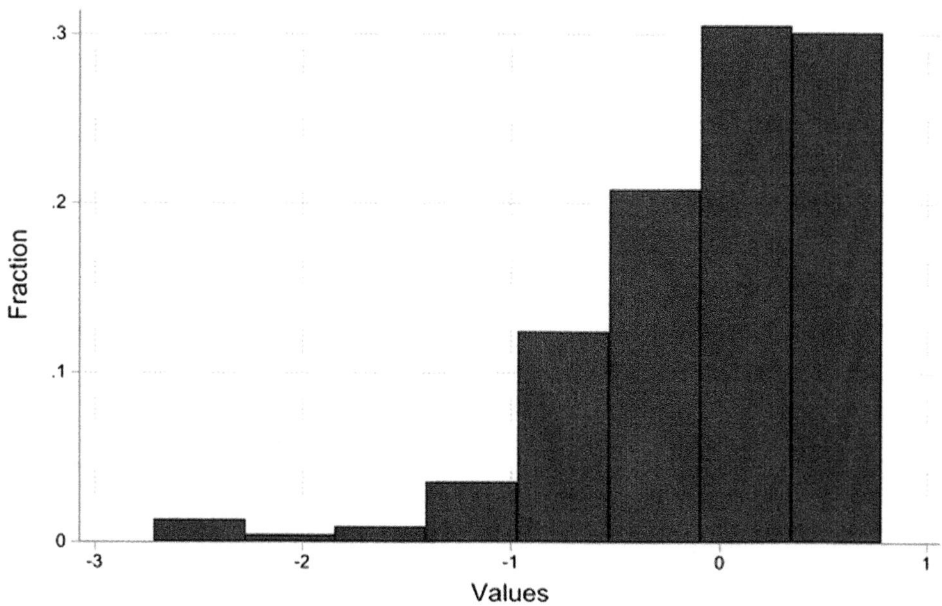

Abb. 9 Verteilung von Noten, die durch Teammitglieder vergeben wurden, für Resilienz

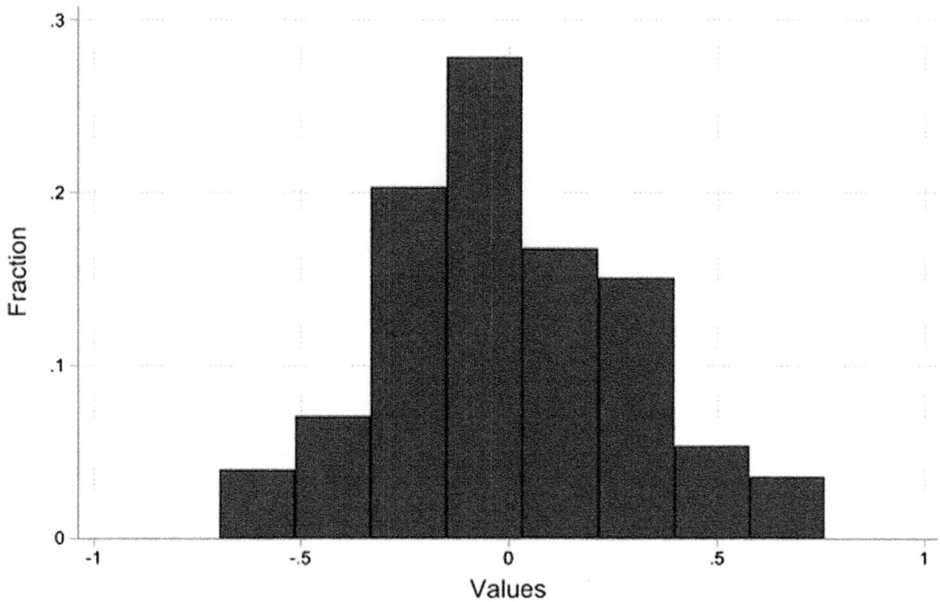

Abb. 10 Verteilung von vorhergesagten Noten auf Basis gesprochener Kommentare für Resilienz

Kompetenz = schwache Note, hoch ausgeprägte Kompetenz = gute Note). Ursprünglich basieren die Bewertungen auf dem deutschen Schulnotensystem (1 = sehr gut, 6 = ungenügend). Um eine bessere Interpretation der Ergebnisse zu ermöglichen, wurden die Bewertungen umgekehrt, sodass hohe Werte einer guten Note und niedrige Werte einer schwachen Note entsprechen. Für den Vergleich der Bewertungen mit den Testergebnissen wurden die Werte ebenfalls mittelwert-zentriert. Abb. 11 zeigt die Ergebnisse für die numerischen Bewertungen (Skala) und die Testergebnisse und Abb. 12 stellt die Ergebnisse für die vorhergesagten Bewertungen (Algorithmus) und die Testergebnisse dar.

Der weiße Bereich bildet die numerischen Bewertungen ab, die die Testergebnisse korrekt identifizieren. Das bedeutet, dass niedrig ausgeprägte Kompetenzen korrekt mit einer niedrigen Note und hoch ausgeprägte Kompetenzen mit einer hohen Note bewertet wurden. Man sieht, dass die Noten, die von den Teilnehmenden direkt vergeben wurden, hoch ausgeprägte Kompetenzen eher korrekt identifizieren als niedrig ausgeprägte Kompetenzen. Dabei ist allerdings zu beachten, dass Individuen eine generelle Tendenz aufzeigen, positiv zu bewerten.

Im Gegensatz zu den direkt gegebenen Noten finden sich bei den Vorhersagen für die gesprochenen Kommentare deutlich mehr Punkte im Bereich der niedrigen Testergebnisse und niedrigen Noten. Das deutet darauf hin, dass die Vorhersagen besser dazu geeignet sind, niedrige Testergebnisse zu erfassen, als Noten, die direkt von Teammitgliedern vergeben werden.

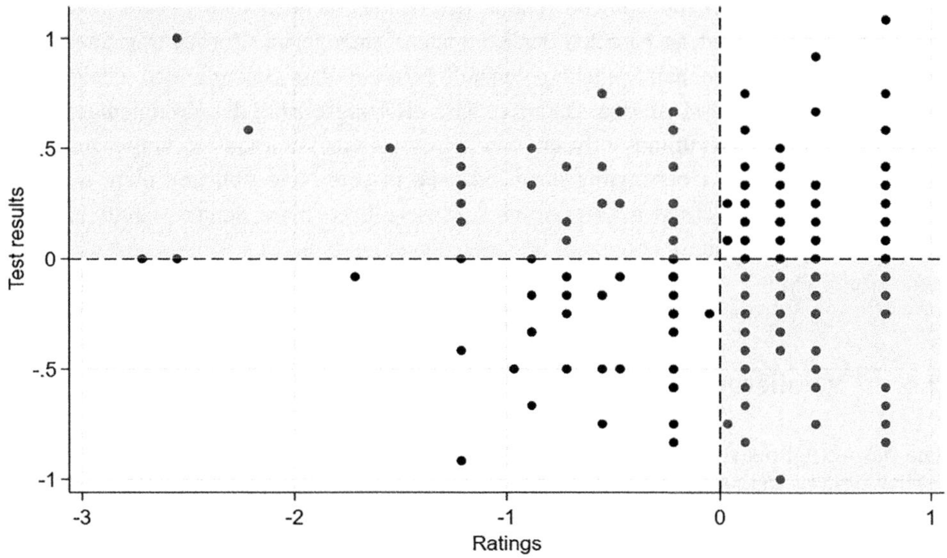

Abb. 11 Verhältnis zwischen den mittelwertzentrierten Testergebnissen und den invertierten mittelwertzentrierten Bewertungen für die Kompetenz Resilienz

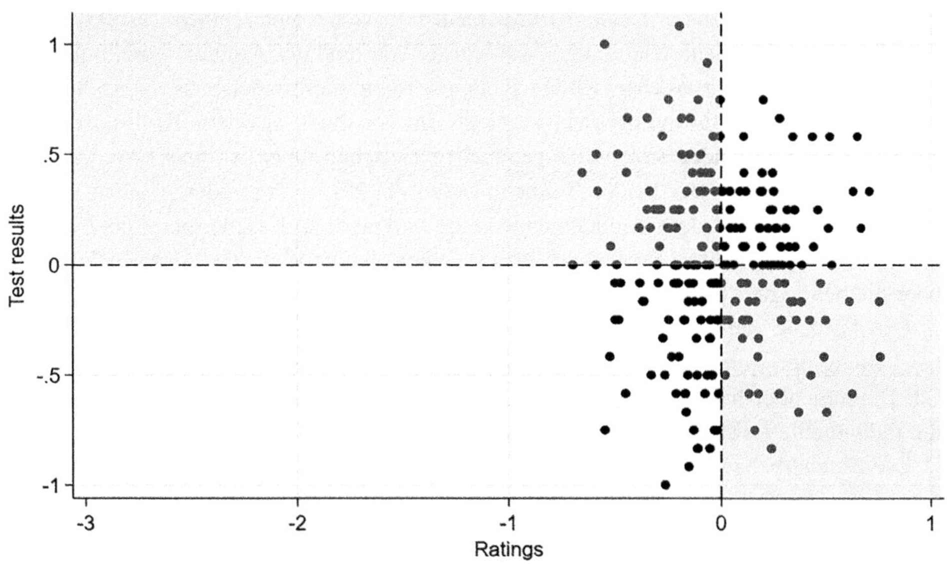

Abb. 12 Verhältnis zwischen den mittelwertzentrierten Testergebnissen und den invertierten mittelwertzentrierten Vorhersagen für die Kompetenz Resilienz

Durch die gesprochene Sprache scheint den Teilnehmenden mehr Raum gegeben zu sein, um auf verschiedene Facetten der Kompetenz einzugehen. Zudem trägt die Unmittelbarkeit der gesprochenen Sprache potenziell dazu bei, dass Bewertungen weniger stark überdacht und angepasst werden. Dadurch, dass die Übersetzung des Kommentars in eine Note durch den Algorithmus erfolgt, wird eine weitere Fehlerquelle umgangen. Fehlzuweisungen bei der Übertragung der Eindrücke in eine Note obliegen nicht mehr den Teilnehmenden, sondern dem Algorithmus. Unsere Ergebnisse deuten darauf hin, dass gesprochene Kommentare potenziell besser geeignet sind, niedrige Kompetenzausprägungen abzubilden.

3.6 Validierung

Um das Verhältnis von Noten und Kommentaren darüber hinaus zu testen, haben wir eine weitere Studie durchgeführt, in der wir einen anderen objektiven Wert als Vergleichswert angenommen haben. Obwohl die Messung der Resilienz über eine validierte Skala erfolgte, ist es dennoch unabdingbar, die Ergebnisse anhand weiterer Vergleichswerte zu prüfen, um ein umfassendes Bild zu erhalten.

In einer weiteren Studie haben wir daher die individuelle Fehlerzahl während einer Teamaufgabe als Vergleichswert verwendet. Hierbei handelte es sich um eine Bild-Zuordnungsaufgabe, die auf einem Experiment von Weber und Camerer (2003) basiert, und für unsere Erhebung leicht angepasst wurde. Während der Aufgabe beschreiben sich zwei Teilnehmende im Wechsel Bilder. Beiden wird ein identischer Satz von 16 Schwarz-Weiß-Bildern einer Büroumgebung vorgelegt, die vor ihnen auf dem Tisch ausgebreitet sind. Die Teilnehmenden sitzen sich gegenüber, zwischen ihnen ist eine Trennwand aufgebaut, sodass keiner der beiden Teilnehmenden die Bilder des anderen sehen kann. In jeder Runde kommt jedem Teilnehmenden eine Aufgabe zu: Beschreibung oder korrekte Identifikation der Bilder. Nach jeder Runde geben die Versuchsleitenden Rückmeldung über die benötigte Zeit und die Richtigkeit der Bilder.

Die Aufgabe wurde im Rahmen unserer Erhebung über 20 Runden durchgeführt. Bei der Lösung der Aufgabe wurden die Teams von jeweils zwei Beurteilenden beobachtet. Ein Beurteilender hat eine geschriebene, der andere eine gesprochene Beurteilung über die individuelle Leistung der Teilnehmenden abgegeben.

Die Datenerhebung wurde von Mai 2022 bis November 2022 durchgeführt. Insgesamt haben wir 164 Teilnehmende rekrutiert, von denen 82 an der Aufgabe gearbeitet und 82 als Beurteilende Leistungsbewertungen abgegeben haben.

Für die geschriebenen und gesprochenen Kommentare wurde erneut der Random Forest eingesetzt, um eine Note vorherzusagen. Im Anschluss wurden die Vorhersagen für die gesprochenen Kommentare, die Vorhersagen für die geschriebenen Kommentare sowie die Noten, die auf der Skala vergeben wurden, mit der individuellen Fehleranzahl der Teilnehmenden auf Teamebene korreliert.

Da die Beurteilenden keinen Referenzpunkt über das gesamte Teilnehmendenfeld hatten und nur ein Team beobachtet haben, waren sie lediglich dazu in der Lage, zwischen der Leistung der beiden beobachteten Teammitglieder zu differenzieren und nicht über das Teilnehmendenfeld hinweg zwischen guter und schwacher Leistung zu unterscheiden. Demgemäß haben wir innerhalb der Teams die Differenz in der Fehlerzahl mit der Differenz der Bewertung verglichen.

Abb. 13 zeigt die Ergebnisse für die numerischen Bewertungen, die von den Beurteilenden mittels einer Skala vergeben wurden. Die Y-Achse, die Boxplots und die Punkte stellen die Differenzen in der Fehleranzahl dar. Die X-Achse repräsentiert die vier Quartile der Differenzen in den numerischen Bewertungen. Quartil 1 enthält kleine Differenzen und Quartil 4 große Differenzen in den Bewertungen. Dementsprechend scheint es naheliegend, dass der Median der Differenz in der Fehleranzahl über die vier Quartile steigt. Je größer die Differenz der Fehler, umso größer die Differenz in der Bewertung. In anderen Worten: Wenn Teilnehmender A sieben Fehler verursacht hat und Teilnehmender B nur einen, liegt es nahe, dass die sieben Fehler mit einer schwächeren Note bewertet werden als der eine Fehler. Dementsprechend würde die Fehlerdifferenz in der Notendifferenz widergespiegelt werden. Zwar ist für die numerischen Bewertungen ein Anstieg zu beobachten, allerdings ergibt die Korrelationsanalyse keine signifikanten Ergebnisse. Das zweite Quartil fehlt in den Abbildungen, da es nur wenige Differenzen in den numerischen Bewertungen gab. Abb. 13 bildet die Ergebnisse für die geschriebenen Kommentare bzw. die algorithmischen Vorhersagen auf Basis der geschriebenen Kommentare ab. Der Median steigt nicht über die vier Quartile hinweg an, was darauf hindeutet, dass Beurteilende die Fehlerdifferenz nicht systematisch in ihren Kommentaren widerspiegeln.

Zuletzt haben wir die Differenzen in der Fehlerzahl mit den Differenzen in den algorithmischen Vorhersagen für gesprochene Kommentare verglichen. Abb. 14 zeigt einen Anstieg des Medians über die vier Quartile und die Korrelationsanalyse ergibt, dass ein schwach signifikanter positiver Zusammenhang zwischen der Fehlerdifferenz und der Notendifferenz besteht (Abb. 15).

3.7 Fazit

Unsere Ergebnisse deuten darauf hin, dass gesprochene Kommentare als Beurteilungsformat besser geeignet sind, Differenzen in der Fehlerzahl widerzuspiegeln als geschriebene Kommentare oder Noten auf einer Skala. Wenn Beurteilende über die Kompetenzen der Teilnehmenden sprechen, evaluieren sie differenzierter, als wenn sie die Kompetenzen geschrieben kommentieren oder eine Note vergeben.

In diesem Zusammenhang ist anzumerken, dass der Algorithmus den Bewertenden keinesfalls ersetzen soll. Der Algorithmus ist auf Basis menschlicher Beurteilungen trainiert und benötigt weiterhin den Input (Kommentar) des Bewertenden, um eine Note vorhersagen zu können. Vielmehr wird mittels des Algorithmus ein möglicher Weg untersucht,

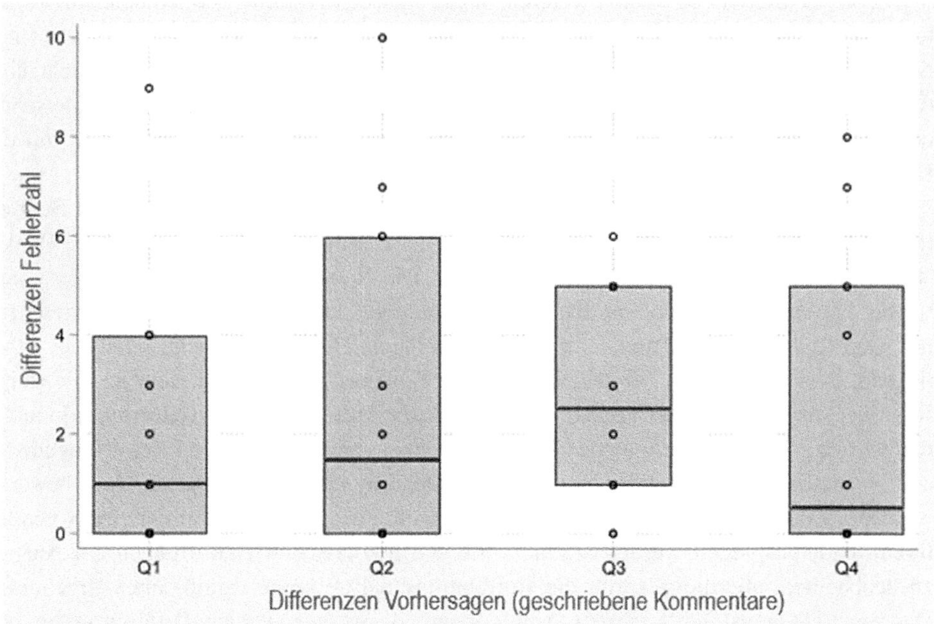

Abb. 13 Schematische Darstellung der Annäherung an die individuelle Fehlerzahl bei geschriebenen Kommentaren

wie subjektive Kompetenzbeurteilungen effektiver genutzt werden können, um adäquat die beobachtete Kompetenz abzubilden.

Da für die meisten Aufgaben in Unternehmen keine objektiven Daten zur Verfügung stehen, wie z. B. die produzierte Stückzahl pro Stunde oder in unserem Fall die individuelle Fehlerzahl während einer Teamaufgabe, werden subjektive Kompetenzbeurteilungen durch die Führungskraft vermutlich ein weitverbreitetes Mittel zur Kompetenzmessung in der Praxis bleiben. Grund für den Mangel an objektiven Daten ist, dass Arbeitsaufgaben häufig einen hohen Komplexitätsgrad aufweisen und nicht klar zuzuordnen ist, welcher Mitarbeitende in welchem Ausmaß an einer Teamaufgabe mitgewirkt hat. Dementsprechend ist es von Bedeutung, zu untersuchen, wie subjektive Beurteilungen besser genutzt werden können, um tatsächliche Kompetenzen zu untersuchen.

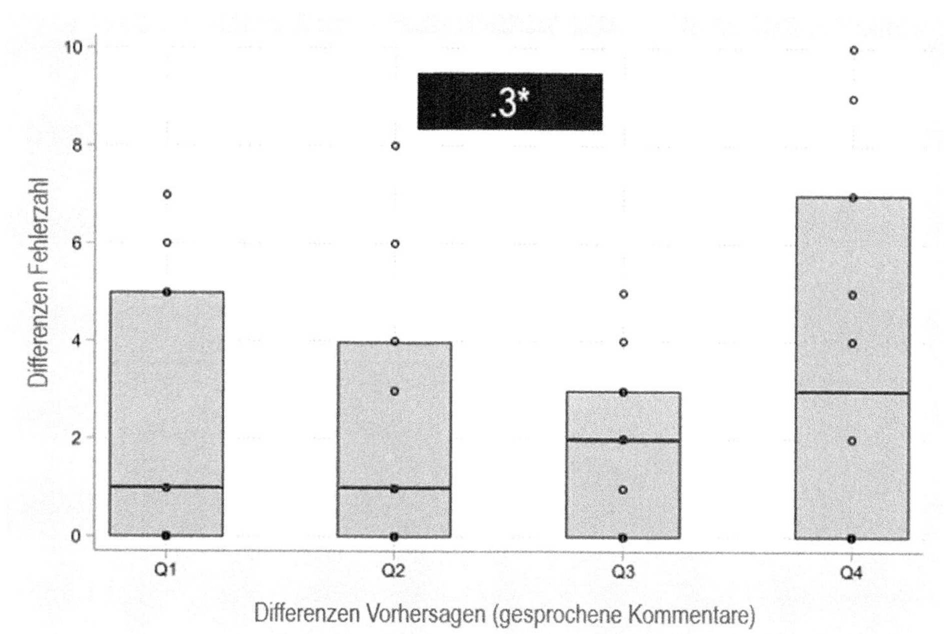

Abb. 14 Schematische Darstellung der Annäherung an die individuelle Fehlerzahl bei gesprochenen Kommentaren

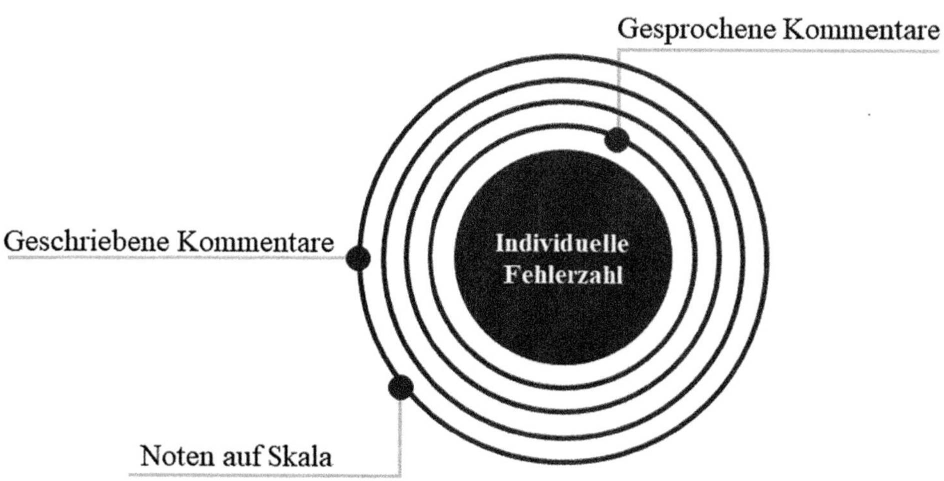

Abb. 15 Treffgenauigkeit von Noten und Leistung (schematisch)

Analyse von Kompetenzprofilen

Luc Sandfort

Inhaltsverzeichnis

Effektives Kompetenzmanagement verlangt einen multidimensionalen, holistischen Ansatz in dem Sinne, dass nicht nur einzelne Kompetenzen, sondern auch deren Zusammenspiel in einem Bündel oder Arrangement beachtet wird; es geht also um sogenannte Kompetenzprofile (Le Deist & Winterton, 2005; North et al., 2018, S. 68). Diese Logik findet sich bereits in vereinzelten konfigurationellen Ansätzen in der Literatur, in denen Wechselwirkungen zwischen einzelnen Kompetenzen betrachtet werden (vgl. Mathieu et al., 2019). Die Idee der Kompetenzprofile impliziert auch, dass vermutlich nicht nur ein einziges Rezept mit effektiver (Team-)Performance vereinbar ist. Vielmehr gilt für Teamkompetenzprofile wie auch für individuelle Kompetenzprofile, dass es mehrere effektive Bündel gibt – bekanntermaßen führen viele Wege nach Rom (z. B. Conger & Ready, 2004; Díaz-Fernández et al., 2020).

Auch Unternehmen interessieren sich häufig nicht nur für einzelne Kompetenzen, sondern für Kompetenzbündel bzw. -profile (z. B. North et al., 2018, S. 68). Unternehmen

L. Sandfort (✉)
Universität Paderborn, Paderborn, Deutschland
E-Mail: luc.sandfort@uni-paderborn.de

K. Thommes et al. (Hrsg.), *Digitales und prädiktives Kompetenzmanagement,*
Intelligente Technische Systeme – Lösungen aus dem Spitzencluster it's OWL,
https://doi.org/10.1007/978-3-662-68838-0_5

betrachten Kompetenzprofile einerseits, um Kompetenzen ganzheitlich zu verstehen, andererseits aber auch, um Mitarbeitende in ihren Kompetenzausprägungen vergleichen zu können (North et al., 2018, S. 74). Bei der Entscheidung darüber, welche Kompetenzen innerhalb eines Kompetenzprofils als relevant gelten, fließen Überlegungen zur Tätigkeit der Mitarbeitenden ein (North et al., 2018, S. 74–75) (vgl. Kap. „Kompetenzmodelle: Was wird gemessen?"). An dieser Stelle ist ein auffälliger Widerspruch, der auf Forschungsbedarf hinweist, zu benennen: Unternehmen gehen offensichtlich von Bündeln, Profilen, Konfigurationen oder auch Kombinationen von Kompetenzen aus, die für eine erfolgreiche Ausübung einer Tätigkeit von Relevanz sind – tatsächlich empirisch untersucht werden Kompetenzprofile in der Praxis jedoch offenbar kaum. Auch ein Blick in die aktuelle Forschung (vgl. Abschn. 1.2) zeigt, dass zwar ein Verständnis für gegenseitige Wechselwirkungen und den Konfigurationscharakter von Kompetenzen vorhanden ist, dass aber die Methoden zur Analyse von Kompetenzprofilen diesem Verständnis überwiegend nicht gerecht werden, mit nur wenigen Ausnahmen.

Das folgende Kapitel beschäftigt sich daher mit Methoden zur systematischen Analyse von Kompetenzprofilen. Eine besondere Rolle spielt hier die sogenannte Qualitative Comparative Analysis (QCA), die sich als ein recht neues Verfahren zur Analyse von holistischen Zusammenhängen in den Wirtschafts- und Sozialwissenschaften in jüngerer Zeit stark ausbreitet (www.compasss.org.). Die QCA wird hier als eine vielseitig einsetzbare Methodik vorgestellt, welche (a) Kompetenzprofile tatsächlich als Kombination unterschiedlicher Kompetenzen darzustellen vermag und (b) Zusammenhänge zwischen solchen Kombinationen und der (Team-)Performance aufdecken kann. Auf Basis dieser Erkenntnisse erlaubt es die QCA, (c) Soll-Profile von Kompetenzbündeln mit Ist-Profilen abzugleichen, und zwar sowohl auf individueller wie auch auf Teamebene, und zuletzt (d) Soll-Profile basierend auf Erfahrungswerten guter Performance abzuleiten.

Praxistipp

Auf der Website www.compasss.org finden sich nützliche Informationen rund um das Thema Qualitative Comparative Analysis (QCA). Neben aktuellen Neuigkeiten finden sich hier auch Materialien und Tutorials zur Einarbeitung in die Methode sowie Möglichkeiten zur Vernetzung mit der QCA-Community.

1 State of the Art

Der folgende Abschnitt dient einem Überblick über die aktuelle Darstellung und das Verständnis von Kompetenzprofilen in Forschung und Praxis. Es wird deutlich, dass ein neuer methodischer Zugang zur systematischen Analyse von Kompetenzen erforderlich ist. Die konfigurationelle Methode Qualitative Comparative Analysis (QCA) bietet hierzu eine neue Perspektive auf das Verständnis von Kompetenzprofilen, indem sie die Idee von Kompetenzprofilen als spezifische Bündel von Kompetenzen stark macht.

1.1 Analyse von Kompetenzprofilen in der Praxis

Unternehmen interessieren sich häufig nicht für einzelne Kompetenzen, sondern für Kompetenzprofile von Mitarbeitenden. Dabei werden Kompetenzprofile als Bündel einzelner Kompetenzen verstanden, welche eine möglichst aktuelle Übersicht über vorhandene Kompetenzen der Mitarbeitenden geben sollen (North et al., 2018, S. 67).

Zur Darstellung von Kompetenzprofilen nutzt man in der Praxis häufig grafische Darstellungen wie beispielsweise Spinnendiagramme (siehe Abb. 1) Andere Darstellungsmöglichkeiten umfassen Kompetenzraster, -räder oder -matrizen (z. B. North et al., 2018, S. 205). Den Visualisierungen der Kompetenzprofile ist gemeinsam, dass sie einen deskriptiven, veranschaulichenden Charakter aufweisen. Es wird dabei jedoch meist nicht versucht, weitergehende Zusammenhangsanalysen anzustellen. Denkbar wäre es ja, dass man Daten von Mitarbeitenden nutzt, um systematische Zusammenhänge zwischen Kompetenzen und unterschiedlichen Performancemaßen aufzudecken. So könnte man z. B. fragen, ob Mitarbeitende mit Grit häufig auch eine hohe Resilienz aufweisen. Man könnte außerdem fragen, welche Kombinationen von Kompetenzen mit einem bestimmten Erfolgsfaktor wie beispielsweise der Gesamtbewertung in der Personalbeurteilung zusammenhängen.

Wie wir in Abschn. 3.2 sehen, nutzen Unternehmen solche grafischen Darstellungen in der Praxis überwiegend, um im Rahmen von Personalentwicklungsmaßnahmen mithilfe eines Soll-Ist-Vergleichs Entwicklungspotenziale der Mitarbeitenden aufzudecken und vorhandene Kompetenzdefizite zu beheben (North et al., 2018, S. 74–75; Sauter & Staudt, 2016, S. 2).

Grundsätzlich eignet sich die Darstellung anhand von Spinnennetzen u. ä. Methoden besonders gut dazu, Kompetenzprofile von Mitarbeitenden zu veranschaulichen. Ein besonderes Profil ist beispielsweise ein Bündel, bei dem alle Kompetenzen zu einem hohen Maß vorhanden sind. In Abb. 1 ist dieses Profil als *Maximum* abgebildet. Ein anderes Profil, das in Abb. 1 dem *Teammitglied 03* zugehörig ist, ist ein Bündel, bei dem Machtmotiv und Resilienz in hohem Maße, die übrigen Kompetenzen jedoch kaum vorhanden sind. Die Bemerkungen von North et al. (2018, S. 10) belegen, dass es offenbar Interesse an einer solchen ganzheitlichen Betrachtung von Kompetenzen gibt. Die Autoren erwähnten, dass die Kompetenzprofile zwar einzelne Kompetenzen darstellten, jedoch viel eher spezifische Kombinationen von Kompetenzen, die die Profile repräsentierten, von Belang seien.

Das Sichtbarmachen von Kompetenzprofilen lädt zu weitergehenden Fragen ein. Welche Kompetenzprofile, sprich welche Kombinationen von Kompetenzen, sind rein logisch möglich und können demnach als *Typen* interpretiert werden? Werden diese Typen, also

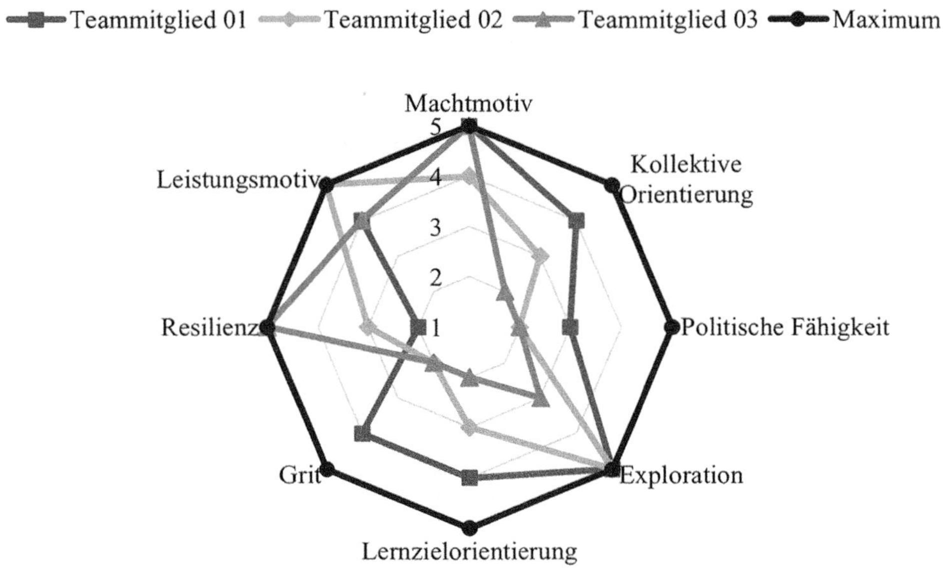

Abb. 1 Spinnendiagramm eines Kompetenzprofils basierend auf den Great Eight nach Bartram (2005)

spezifische Kombinationen von Kompetenzen, unter den Mitarbeitenden eines Unternehmens beobachtet? Wie häufig? Welche Typen weisen systematische Zusammenhänge, zum Beispiel mit dem individuellen Berufserfolg, auf? Welche Typen sollten in Arbeitsgruppen zusammengebracht werden, um einen hohen Teamerfolg wahrscheinlich zu machen? Seitens der Praxis werden die Fragen zwar gestellt und entsprechend große Aufwände betrieben, um Kompetenzen zu messen, doch es fehlt derzeit eine Methodik, um die Fragen zufriedenstellend zu beantworten und die vorhandenen Daten optimal auswerten zu können. Große Potenziale in der Datennutzung liegen derzeit ungenutzt.

Wie wir im Folgenden in Abschn. 1.2 zeigen werden, liegt das auch an der dominierenden empirischen Methodik in der Forschung, die sich vor allem mit den Effekten von einzelnen Kompetenzen befasst. In Abschn. 3 und 4 werden wir demonstrieren, dass die Methodik der QCA entscheidend dazu beitragen kann, die genannten Potenziale zu nutzen und Daten besser auszuwerten.

1.2 Analyse von Kompetenzprofilen in der Forschung

In der bisherigen Forschung liegt der Fokus überwiegend darauf, Effekte einzelner Kompetenzen auf bestimmte Performancemaße zu untersuchen (z. B. Bartram, 2005; Doblinger, 2022; Driskell et al., 2010; Magpili & Pazos, 2018; Offermann et al., 2004).

Hierzu werden statistische Verfahren wie beispielsweise Korrelations- und Regressionsanalysen genutzt, d. h., es werden linear-additive Zusammenhänge von Kompetenzen auf Performance unterstellt (z. B. Offermann et al., 2004). In dieser methodischen Entscheidung verstecken sich wichtige, voraussetzungsreiche Annahmen. Es wird erstens unterstellt, dass ein Mehr in einer bestimmten Einzelkompetenz auch mit einer Steigerung der gesamten Performance der Mitarbeitenden einhergeht (z. B. Conger & Ready, 2004), unabhängig davon, welche anderen Kompetenzen vorliegen oder nicht. Und zweitens wird damit auch eine Art Maximalansatz verfolgt. Jeder und jede Einzelne soll über ein möglichst vollständiges Set an Kompetenzen verfügen, welches im Rahmen von spezifischen, teils sehr umfangreichen Kompetenzmodellen definiert wird (z. B. Doblinger, 2022; Salas et al., 2015). Fehlt eine Kompetenz, so ist dies als Defizit zu interpretieren.

Eine wichtige Variation der Modelle zu Einzelkompetenzen sind weit verbreitete Input-Mediator-Output (IMO)-Modelle in der Teamforschung (Mathieu et al., 2019). Diese berücksichtigen neben den individuellen Kompetenzen der Teammitglieder, die einen Einfluss auf deren Verhaltensweisen haben, auch Teamfaktoren wie Teamprozesse (z. B. Teamführung) oder weitere kontextbezogene Faktoren, mittels denen die Teammitglieder unter Anwendung ihrer Kompetenzen schließlich Teamerfolg generieren können. Während diese Modelle in der Teamforschung hoch angesehen sind, beruhen sie methodisch letztendlich doch wieder auf Einzeleffekten (z. B. Holtz et al., 2020). Weder auf Input-Seite (Kompetenzen) noch auf Mediator-Seite (z. B. Vertrauen ins Team) wird mit IMO-Modellen kausale Komplexität erfasst. Anders formuliert: Diese Modelle erfassen nicht, dass es auf die Kombination von Kompetenzen bzw. auf die Kombination von Kompetenzen mit Mediatoren ankommt, die erst im Zusammenspiel den Teamerfolg erklären können (Mathieu et al., 2019; Mathieu et al., 2017).

Daneben existieren aber auch erste Studien, die auf die hohe Komplexität von Kompetenzen verweisen. Diese argumentieren, dass ein Verständnis über die Wirkungsweise von *Kompetenzen in Kombination* benötigt wird (z. B. Mathieu et al., 2019; Mathieu et al., 2017; Salas et al., 2015). Das bedeutet, dass erst die Kombination spezifischer Kompetenzen ihre volle Wirkung entfalten kann. Diese Studien fordern auch eine neue Auswertungsmethodik, die dieser Komplexität gerecht werden kann.

Angesichts dieser Forderungen erscheint es wichtig und vielversprechend, über die Untersuchung von Einzelkompetenzen hinauszugehen und stattdessen zu betrachten, welche Kompetenzen in welchen Kombinationen vorhanden sein müssen, um eine hohe Performance zu erklären. Das ist unser Ansatz. Wir sind damit weniger an isolierten Effekten einer einzelnen Kompetenz interessiert, sondern wollen herausfinden, welche verschiedenen Konfigurationen oder Kombinationen von Kompetenzen jeweils eine hohe Performance erklären können (Oana et al., 2021). Um dieser Fragestellung methodisch gerecht zu werden, stellen wir im nächsten Schritt eine Methode vor, die Kompetenzen als Kombination betrachtet: die Methode der Qualitative Comparative Analysis (QCA).

2 Eine konfigurationelle Methodik: Qualitative Comparative Analysis

Der vorangehende Abschnitt hat gezeigt, dass die Forschung durch die Anwendung statistischer Methoden eher den Effekt von Einzelkompetenzen untersucht – dass aber die Praxis in Kompetenzprofilen und dem Zusammenwirken einzelner Kompetenzen in Bündeln oder Typen denkt (North et al., 2018, S. 68). Die Forschung geht von einfacher Komplexität aus, die Praxis eher von komplexer. Die Forschung nutzt linear-additive Methoden, die Praxis denkt jedoch konfigurationell. Diese Diskrepanz zwischen einem konfigurationellen Verständnis in der Praxis und im theoretischen Verständnis der Zusammenhänge einerseits und einer linear-additiven empirischen Methodik andererseits ist typisch für große Teile der Managementforschung (vgl. Misangyi et al., 2017).

Das wollen wir überwinden und eine konfigurationelle Methodik in der Kompetenzforschung etablieren. Dabei können wir an einigen wenigen Arbeiten, die einem konfigurationellen Verständnis folgen, anknüpfen (in Teamforschung z. B. Díaz-Fernández et al., 2020; Malik & Orr, 2022; Pham & Lo, 2023; in Führungsforschung z. B. Scheuer et al., 2022; Stoker et al., 2022). Wie dort und in der Managementforschung generell vorgeschlagen, nutzen wir die Qualitative Comparative Analysis (QCA) als eine adäquate und flexibel einsetzbare konfigurationelle Methodik. Das folgende Teilkapitel soll einen Einblick in die QCA geben (Ragin, 2000, 2008; Schneider & Wagemann, 2012).

QCA ist eine Methode, deren Grundlagen nicht auf Statistik, sondern auf Mengenlehre und Boolescher Algebra beruhen (siehe Abb. 2).

So sehen wir in Abb. 2 ein klassisches Mengendiagramm, hier in Form eines Venn Diagramms, für vier ausgewählte Kompetenzen. Mitarbeitende können Teil einer Menge

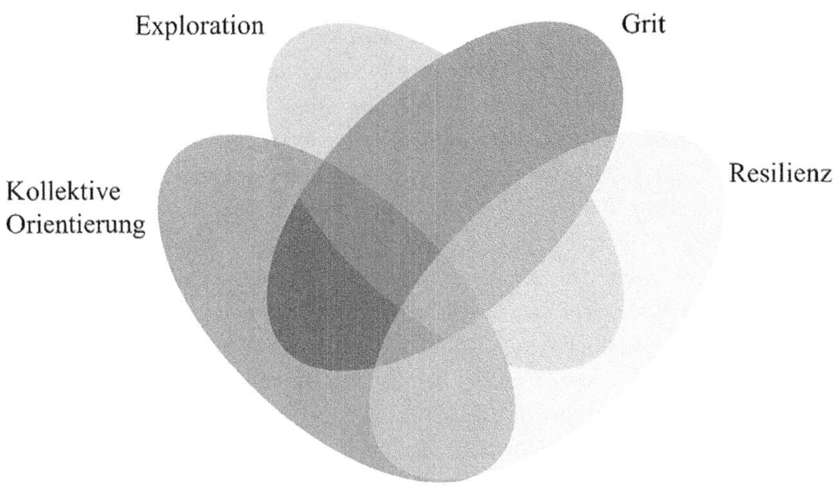

Abb. 2 Mengendiagramm eines Auszugs der Great Eight nach Bartram (2005)

sein, beispielsweise der Menge Grit, indem Grit in einem hohen Maße ausgeprägt ist. Mitarbeitende können insbesondere aber auch Teil einer Schnittmenge sein, die spezifische Konfigurationen von Kompetenzen repräsentiert. So kann ein Mitarbeitender zum Beispiel Teil der Schnittmenge aus Grit und kollektiver Orientierung sein. Diese Konfiguration oder auch dieses Kompetenzprofil kann wiederum mit der Anwesenheit oder Abwesenheit eines Outcomes wie etwa erfolgreicher Performance zusammenhängen. Für jeden Mitarbeitenden können wir also definieren ob und welchen Mengen er oder sie zugehört und damit ob und welche Kompetenzen bei dieser Person hoch ausgeprägt sind. Gleichzeitig erkennen wir an dem Mengendiagramm zwei Besonderheiten, die auch für die Idee der QCA von Bedeutung sind. Zum einen können wir an dem Mengendiagramm sehen, dass es eine begrenzte Anzahl an möglichen Kompetenzprofilen gibt. Zum anderen sehen wir, dass sich Mitarbeitende genau einer Menge bzw. einem Kompetenzprofil zuordnen lassen. Mit der Konsequenz, dass sich mehrere Mitarbeitende demselben Kompetenzprofil zuschreiben lassen.

Aus dem Mengendiagramm können wir ableiten, dass die QCA als Methodik nicht von einzelnen Effekten individueller Kompetenzen ausgeht, sondern von einem Verständnis, bei dem die Kompetenzen erst im Zusammenspiel ihre Wirkung entfalten (z. B. Le Deist & Winterton, 2005). Dabei zeichnet sich die Methode durch drei wesentliche Merkmale aus, die gemeinsam die Idee der komplexen Kausalität ausmachen:

- Die QCA berücksichtigt, dass eine hohe Performance meist nicht durch die Existenz einer einzelnen Kompetenz hervorgebracht werden kann, sondern durch eine Verbindung bzw. *Konjunktion* mehrerer Kompetenzen.
- Die QCA erlaubt es auch, dass es unterschiedliche Erfolgsrezepte gibt, dass also verschiedene Kompetenzprofile ein und dasselbe Ergebnis, nämlich eine hohe Performance nach sich ziehen können. Nicht alle, aber viele Wege führen nach Rom *(Äquifinalität).*
- Schließlich unterstellt die QCA *Asymmetrie* in der Verursachung. Wenn man Kompetenzprofile ermittelt hat, die eine hohe Performance erklären, ist es nicht zulässig zu schließen, dass die Abwesenheit der Kompetenzprofile eine geringe Performance erklärt; mit anderen Worten, Erfolg und Misserfolg folgen unterschiedlichen Logiken.

Die Methode der QCA ist besonders für die Praxis von besonderem Interesse, da es sich um eine fallorientierte Methode handelt, die Fälle – oder wie in unserem Fall Mitarbeitende mit ihren unterschiedlichen Kompetenzprofilen – vergleichen möchte (vgl. z. B. Kompetenzmatrix nach North et al., 2018, 215–217). Für jeden Fall lässt sich dabei bestimmen, ob er zu bestimmten Mengen wie hohe kollektive Orientierung gehört – und zwar für jede einzelne Kompetenz und jedes einzelne Kompetenzprofil. Fallorientiert heißt dabei also wiederum, dass man nicht auf einzelne Kompetenzen, sondern ihre Konfiguration schaut, im vorliegenden Kontext für die Konfiguration der Kompetenzen einzelner individueller Beschäftigter.

Das grundsätzliche Ziel der QCA besteht darin, notwendige und hinreichende Bedingungen für ein spezielles Ergebnis zu identifizieren (siehe Abschn. „Eignungs-/Fähigkeitstests“ in Kap. 4). Bezogen auf das Kompetenzmanagement lässt sich das Ziel darin übersetzen, dass *notwendige* und *hinreichende* Kompetenzen bzw. Kombinationen von Kompetenzen für ein Erfolgsmaß wie die Performance der individuellen Mitarbeitenden identifiziert werden sollen. Der Zusammenhang zwischen Kompetenzen oder Kompetenzprofilen und Performancemaßen wird in der Praxis sehr pragmatisch mit Bezug auf individuelle Mitarbeitende festgestellt. Systematische Betrachtungen insbesondere systematische Vergleiche zwischen den Kompetenzprofilen der Mitarbeitenden fehlen hier meist.

Um die Vorteile der QCA besser zu verstehen, sollen an dieser Stelle wesentliche Konzepte der QCA näher erläutert werden: (a) der Prozess der Kalibrierung und (b) notwendige und hinreichende Bedingungen.

2.1 Kalibrierung

Kompetenzen können unterschiedlich gemessen werden. In der Darstellung des Spinnennetzes (siehe Abb. 1) beispielsweise können die von innen nach außen angeordneten Linien die Werte 1 (= trifft gar nicht zu) bis 5 (= trifft voll zu) auf einer numerischen Skala bedeuten. In der QCA werden nun nicht diese Rohwerte verwendet, sondern Werte zwischen 0 und 1, damit die Boolesche Algebra angewendet werden kann. Der Prozess der Umwandlung von Rohwerten in diese neuen Werte heißt „Kalibrierung“. Die QCA enthält das Adjektiv „qualitativ“, weil man unterstellt, dass klar unterschieden werden kann, ob eine Bedingung vorhanden ist oder nicht bzw. ob ein Mitarbeitender eine Kompetenz eher besitzt oder eher nicht besitzt. Dann fragt man sich, wann man davon sprechen kann, dass eine Kompetenz vorhanden ist oder nicht vorhanden ist – eine Frage, die sich in der Praxis vielleicht auch gar nicht immer so leicht beantworten lässt. Beim Prozess der Kalibrierung kann man im Idealfall auf fundamentales Expertenwissen zurückgreifen. Daneben kann man sich auf die Formulierung von Skalenwerten beziehen, welche bereits eine qualitative Aussage über den Zugehörigkeitsgrad einer Kompetenz aufweisen (z. B. Fiss, 2011). Das würde z. B. bedeuten, dass die Kompetenz Grit eher vorhanden ist, wenn auf der Skala ein Rohwert von 3, 4 oder 5 erreicht wird, sonst aber nicht – Grit ist mit einem Rohwert von 1 oder 2 also nicht vorhanden. Denkbar ist jedoch, dass wir aufgrund von verzerrten Messungen davon ausgehen müssen, dass erst ein Wert von 4 das Merkmal „hohes Grit“ aufzeigt. Für hohe Kompetenzanforderungen können auch bestimmte Anforderungen eines Projektes sprechen oder spezielle Anforderungen an eine bestimmte Position, welche ein besonders hohes Maß der Kompetenz verlangen.

Bei der Kalibrierung sind zwei Fälle zu unterscheiden, je nachdem, ob es sich um scharfe oder unscharfe Mengen handelt. Bei scharfen Mengen *(crisp sets)* werden die Rohwerte in die beiden Werte 0 und 1 kalibriert. Entsprechend des Mengendiagramms in

Tab. 1 Kalibrierung der Rohwerte

Rohwert (numerischer Skalenwert)	Kalibrierter Wert (unscharfe Mengen)	Idealtypenwert (scharfe Mengen)
1	0	0
2	0,2	0
3	0,4	0
4	0,8	1
5	1	1

Abb. 2 heißt das, wir können Mitarbeitenden ganz klar derjenigen Menge zuordnen, die eine Kompetenz wie hohes Grit aufweist (1) oder derjenigen Menge, die kein hohes Grit aufweist (0) – wir betrachten qualitative Unterschiede. Bei unscharfen Mengen *(fuzzy sets)* werden die Rohwerte auch in Werte zwischen 0 und 1 transformiert. Wir können nun auch quantitative Unterschiede zwischen Mitarbeitenden definieren; hohes Grit kann mehr (1) oder weniger (0,8) vorliegen, auch wenn es in beiden Fällen grundsätzlich eher vorhanden als nicht vorhanden ist. Schließlich entscheidet hier der Ankerwert von 0,5 darüber, ob eine Kompetenz vorhanden ist oder nicht. Für die verschiedenen Schritte der Analyse ist die qualitative Analyse, die Unterscheidung zwischen Vorhandensein oder Nicht-Vorhandensein gleichwohl wichtiger. Bei der Zusammenhanganalyse wird zwischen *Crisp-set-* oder *Fuzzy-set-QCA* unterschieden. Wir werden im Folgenden auf die Fuzzy-set-QCA (fsQCA) zurückgreifen, was der vorgestellten differenzierten Messung auf numerischen Skalen entspricht. Allerdings ist bereits hier darauf hinzuweisen, dass die scharfen Mengen definiert über die Werte 0 und 1 auch bei der fsQCA benötigt werden, um die Idealtypen zu unterscheiden. Im Beispiel von Grit könnte man etwa die folgende Zuordnung von Werten vornehmen:

Bei der Idealtypenbildung[1] wird lediglich eine Unterscheidung zwischen der Existenz (1) und Nichtexistenz (0) von Grit gemacht. Das Beispiel in Tab. 1 zeigt auch, dass die Kalibrierung nicht mechanisch erfolgen sollte. Die Abstände zwischen den unscharfen Werten sind ungleich gewählt. Hier kann Expertenwissen eingehen, im vorliegenden Beispiel etwa über die Tatsache, dass Beschäftigte mit dem Wert 0,4 in der Regel nicht das für die Aufgabe notwendige Grit besitzen.

Um Kompetenzprofile idealtypisch darzustellen, können die scharfen Mengen genutzt werden (siehe hierzu das Mengendiagramm in Abb. 2). Um Zusammenhänge zwischen Kompetenzprofilen und bestimmen Outcomes zu untersuchen, werden die unscharfen Mengen genutzt. Wichtig ist, dass für beide Anwendungen alle Bedingungen (einzelne Kompetenzen) und denkbare Erfolgsmaße (Teamerfolg, Berufserfolg) in kalibrierter Form vorliegen müssen.

[1] *Idealtyp* meint in diesem Kontext eine spezifische Konfiguration von Kompetenzen.

2.2 Notwendige und hinreichende Bedingungen

In linear-additiven Methoden wie etwa der Regressionsanalyse wird ein Zusammenhang zwischen einer einzelnen Kompetenz in der Form „Je höher das Grit, desto höher der Erfolg“ unterstellt. In der Booleschen Logik – und, wie wir glauben, auch in der praktischen Anwendung in den Unternehmen – stellen sich viel komplexere Fragen der Kausalität. Ist Grit notwendig, um ein Team erfolgreich zu machen? Ist Grit allein schon hinreichend? Mit welchen anderen Kompetenzen muss Grit verbunden sein, um hinreichend zu sein? In der QCA werden solche Fragen beantwortet. Fundamental ist dabei die Unterscheidung zwischen notwendigen und hinreichenden Bedingungen für ein bestimmtes hohes Ergebnis (Outcome).

Wenn eine notwendige Bedingung vorliegt, gilt: Wenn der Outcome (wie etwa eine hohe Performance) vorliegt, können wir daraus schließen, dass auch die Bedingung (wie etwa eine hohe kollektive Orientierung) vorliegt (siehe Abb. 3). Denn die Bedingung muss immer, wenn der Outcome vorhanden ist, zu beobachten sein. In Boolescher Logik muss für eine notwendige Bedingung gelten: Der kalibrierte Wert der Bedingung ist immer (für alle beobachteten Fälle) größer als der Wert des Outcomes. Abb. 3 zeigt, dass „notwendig“ impliziert, dass man nicht allein von der Existenz der notwendigen Bedingung X auf die Existenz des Outcomes Y schließen darf, wohl aber umgekehrt von der Existenz des Outcomes Y auf die Existenz der Bedingung X. Wenn Grit also eine notwendige Bedingung sein sollte, beobachten wir keine erfolgreichen Teams ohne Grit, aber durchaus Teams mit Grit, die aber womöglich nicht erfolgreich sind.

Ferner interessiert man sich in der QCA für hinreichende Bedingungen (siehe Abb. 4). Dies bedeutet, dass solche Bedingungen identifiziert werden sollen, bei denen gilt: Wenn die Bedingung vorliegt, so muss auch der Outcome vorliegen. In unserer Anwendung könnte die Bedingung entweder eine einzelne Kompetenz oder ein Profil von Kompetenzen in Form einer Konjunktion (hohes Grit verbunden mit hoher Resilienz) sein. Wenn

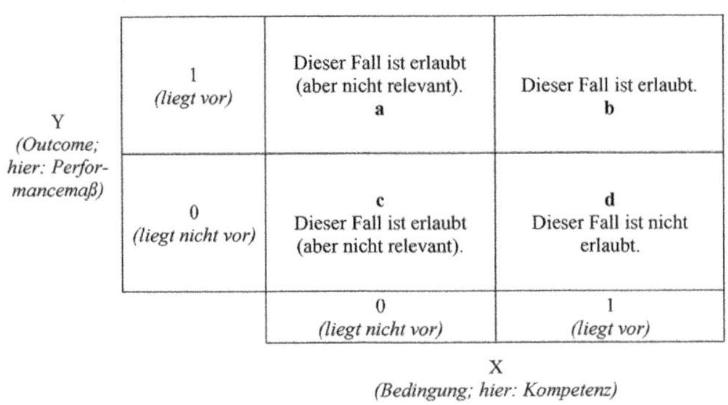

Abb. 3 Notwendige Bedingung

Grit allein hinreichend (aber nicht notwendig) ist, dürften wir kein Team mit Grit beobachten, das nicht erfolgreich ist. Allerdings ist Grit ja nicht notwendig. Also beobachtet man möglicherweise erfolgreiche Teams ohne Grit. [Diese haben vielleicht andere Kompetenzprofile, die zu hohem Teamerfolg führen. Hier zeigt sich die Idee der vielen Wege, die nach Rom führen (Äquifinalität).]

Nun kennen wir die wesentlichen Grundlagen der QCA. Wie wir die QCA zur Analyse von Kompetenzprofilen nutzen können, wird in den nächsten zwei Teilkapiteln sowohl für individuelle Mitarbeitende als auch komplette Teams illustriert.

3 Kompetenzprofile auf Individualebene

Die Praxis interessiert sich oft für die Kompetenzprofile individueller Mitarbeitender. Dabei wird häufig der aktuelle Stand des Kompetenzprofils *(Ist-Profil)* der Mitarbeitenden mit sogenannten Anforderungsprofilen *(Soll-Profil)* verglichen (North et al., 2018, S. 74–79). Im folgenden Abschnitt soll daher aufgezeigt werden, wie wir die QCA-Methodik nutzen können, um Kompetenzprofile auf der Individualebene systematisch zu analysieren und dann auch einen Abgleich von Soll- und Ist-Profilen vorzunehmen.

3.1 Kompetenzprofile mittels Wahrheitstabelle

In der QCA gibt es ein zentrales Instrument, um alle denkbaren Kompetenzprofile von Mitarbeitenden und mögliche Beziehungen zu einer hohen Performance darzustellen: die sogenannte *Wahrheitstabelle* (siehe Abb. 5).

Auf den Grundlagen des Abschn. „Psychometrische Messungen“ in Kap. 4, insbesondere aufbauend auf dem im vorherigen Abschnitt beschriebenen Prozess der Kalibrierung, werden in der QCA alle logisch möglichen Kombinationen an Kompetenzen in einer

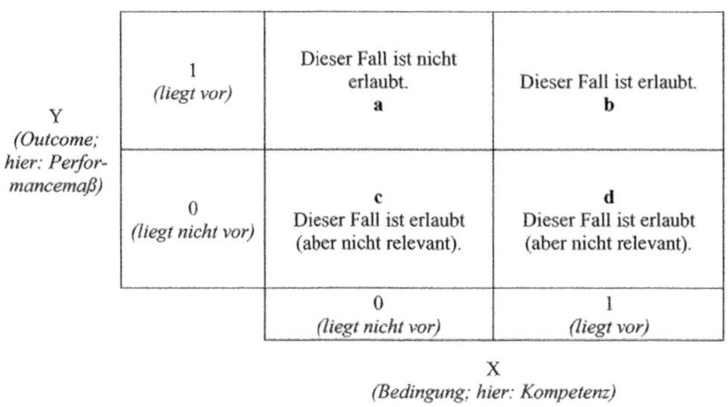

Abb. 4 Hinreichende Bedingung

Wahrheitstabelle ausgewiesen (Ragin, 2000, 2008; Schneider & Wagemann, 2012). Solche möglichen Kombinationen werden auch als *Idealtypen* bezeichnet. Entgegen dem Wortlaut „ideal" sind damit aber nicht wünschenswerte oder perfekte Profile, die zu einer hohen Performance führen, gemeint. Vielmehr steht jeder Idealtyp für eine logisch mögliche Kombination von Bedingungen, wobei das Vorhandensein in Form einer scharfen Menge definiert ist. Nimmt man vereinfacht zwei Kompetenzen, Grit und Resilienz, so können vier Idealtypen vorliegen: Beide Kompetenzen sind vorhanden, keine der Kompetenzen ist vorhanden, nur Grit ist vorhanden, nur Resilienz ist vorhanden. Idealtypen sind in unserem Kontext wichtig, weil man mit ihnen das Kompetenzprofil der Mitarbeitenden

Idealtyp	Anzahl der Fälle	Kollektive Orientierung	Exploration (Ambidextrie)	Grit	Resilienz
1	3	0	0	0	0
2	0	0	0	0	1
3	0	0	0	1	0
4	1	0	0	1	1
5	0	0	1	0	0
6	0	0	1	0	1
7	2	0	1	1	0
8	2	0	1	1	1
9	1	1	0	0	0
10	3	1	0	0	1
11	12	1	0	1	0
12	35	1	0	1	1
13	0	1	1	0	0
14	12	1	1	0	1
15	11	1	1	1	0
16	121	1	1	1	1

Abb. 5 Idealtypen als Kompetenzprofile

charakterisieren kann. Einem Idealtyp können dabei viele Mitarbeitende (Fälle) entsprechen. Umgekehrt ist es aber so, dass jeder und jede Mitarbeitende rein logisch immer nur einem einzigen Idealtyp zugeordnet werden kann.

Zur Illustrierung einer Wahrheitstabelle verwenden wir an dieser Stelle die Ergebnisse der empirischen Erhebung (siehe Abschn. „Validierung des Kompetenzmodells: Unsere Befunde" in Kap. 3) bezüglich der Great-Eight-Kompetenzen nach Bartram (2005). Aus didaktischen Gründen fokussieren wir uns im Folgenden auf ein reduziertes Modell der Great Eight. Dieses umfasst die Kompetenzen *kollektive Orientierung, Exploration (Ambidextrie), Grit* und *Resilienz*.

Die Wahrheitstabelle stellt alle logisch möglichen Konfigurationen anhand der Werte scharfer Mengen (0 und 1) dar, wobei sich die Anzahl an möglichen Kombinationen aus der Kalkulation $2^{\text{Anzahl der Bedingungen}}$ ergibt. Mit dem kleinen Modell der Great Eight bestehend aus vier Kompetenzen stellt unsere Wahrheitstabelle also 16 mögliche *Idealtypen* bzw. Kombinationen der vier Kompetenzen dar. Diese Idealtypen sind in Abb. 5 ausgewiesen. Alle befragten Teammitglieder können basierend auf ihrem Kompetenzprofil, sprich ihrer speziellen Kombination an Kompetenzen, klar einem konkreten Idealtyp zugeordnet werden. Anzumerken sei dabei, dass nicht zwangsläufig auch alle Idealtypen in der Realität beobachtet werden, und auch die Anzahl an Mitarbeitenden, die sich Idealtypen zuordnen lassen, im Unternehmen stark variieren können.

So zeigt sich, dass der am häufigsten beobachtete Idealtyp in der empirischen Erhebung (siehe Abschn. „Validierung des Kompetenzmodells: Unsere Befunde" in Kap. 3) derjenige ist, der alle vier Kompetenzen aufweist – ganze 121 Teammitglieder weisen dieses Kompetenzprofil auf. Diese Beobachtung lässt sich u. a. auf inhärente Probleme von Selbsteinschätzungsverfahren zurückführen, die bereits in Abschn. 1 benannt wurden. Überraschender ist jedoch die Beobachtung, dass der Idealtyp, welcher keine Kompetenz in hohem Maße aufweist, ebenfalls drei Teammitgliedern zuzuweisen ist. Hieraus ergibt sich die Vermutung, dass in Teamarbeit nicht zwangsläufig individuelle Kompetenzprofile als vielmehr Teamkompetenzprofile bzw. das Zusammenspiel von individuellen Kompetenzprofilen von großer Relevanz sein könnten. Dieser Beobachtung wird in Abschn. 4 nachgegangen.

Die Kalibrierung der Kompetenzen wird in unserem Beispiel mit den Skalenwerten der validierten Skalen begründet, sodass wir eine Kompetenz als vorhanden definieren, wenn sie über dem Mittelwert der Skala liegt (Rohwerte 4 und 5) und als nicht vorhanden definieren, wenn sie unter dem Skalenmittelwert (einschließlich dem Skalenmittelwert) liegt (Rohwerte 1, 2 und 3). Während wir in diesem Fall also eine fsQCA (unscharfe Mengen) anwenden, werden für die Darstellung der Kompetenzen in der Wahrheitstabelle die scharfen Mengenwerte genutzt (siehe hierzu die Erläuterungen in Abschn. 2.1).

Sofern Erfolgsmaße für Individuen vorliegen, gibt die Wahrheitstabelle zuletzt auch wieder, welche Konfigurationen mit der Anwesenheit (1) bzw. Abwesenheit (0) eines Outcomes (z. B. individueller Berufserfolg) zusammenhängen.

3.2 Soll-Ist-Vergleich von Kompetenzprofilen

In der Praxis werden erhobene Kompetenzdaten meistens wie folgt ausgewertet: Mittels deskriptiver und teils visueller Auswertungen folgt ein Soll-Ist-Vergleich der Kompetenzen. Dabei wird das aktuelle Ist-Kompetenzprofil mit einem Soll-Anforderungsprofil verglichen. Das Anforderungsprofil wird hier als ein Bündel von Kompetenzen definiert, welche in ihrer Kombination die effektive Ausführung einer Handlung ermöglichen (North et al., 2018, S. 61). Unternehmen verfolgen mit dieser Art der Auswertung häufig das Ziel, aktuelle Entwicklungspotenziale zu erkennen, um Mitarbeitende im Anschluss auch entsprechend fördern zu können (Sauter & Staudt, 2016, S. 40).

Solche Anforderungsprofile werden in der Praxis meistens basierend auf Expertenwissen bestimmt (z. B. North et al., 2018, S. 274–276). Alternativ oder in Ergänzung eignet sich auch die QCA-Methodik zur Ableitung von Anforderungsprofilen aus vorhandenen Daten. Das Vorgehen hierzu wird in Abschn. 4.4.1 exemplarisch für Teamkompetenzprofile beschrieben. Die Nutzung der QCA zur Ableitung von Anforderungsprofilen ist vor allem für diejenigen Unternehmen von besonderem Interesse, welche im Rahmen von Mitarbeitendengesprächen und Personalentwicklungsmaßen auf regelmäßiger Basis Daten erheben und somit auf einen großen Datenpool zurückgreifen können.

Wenn wir das Anforderungsprofil für Mitarbeitendengruppen kennen, können wir mittels QCA-Methodik einen systematischen Soll-Ist-Vergleich durchführen, indem wir auf das Element der Wahrheitstabelle zurückgreifen.[2] Die Wahrheitstabelle stellt alle logisch möglichen Konfigurationen von Kompetenzen – Idealtypen – dar, wobei individuelle Mitarbeitende sich jeweils genau einem Idealtyp zuordnen lassen.

Zur Definition von Soll-Profilen nutzen wir Boolesche Operatoren. Diese ermöglichen einen vereinfachten Abgleich der Kompetenzprofile aus der Wahrheitstabelle, die unsere Ist-Profile darstellen, mit den Soll-Profilen. Wir greifen dafür auf grundlegende Elemente der Booleschen Algebra zurück: die Operatoren der Konjunktion (UND), der Disjunktion (ODER) sowie der Negation (NICHT). Interessanterweise entspricht dieses Vorgehen auch praktisch relevanten Vergleichen von Soll- und Ist-Profilen, beispielsweise für das Recruiting. So werden boolesche Suchoperatoren im Rahmen von Active Sourcing Strategien auf Social-Media-Plattformen wie Xing und LinkedIn verwendet, um potenzielle Kandidat:innen zu finden, die den Anforderungen der gesuchten Positionen im Unternehmen entsprechen.

An dieser Stelle verwenden wir die Booleschen Operatoren zur Formulierung von Kompetenzanforderungen im Sinne eines oder mehrerer *Erfolgsrezepte*. Auf das kleine Modell der Great Eight übertragen bedeutet das, dass es nicht zwangsläufig auf das gesamte Bündel (Kollektive Orientierung, Exploration (Ambidextrie), Grit, Resilienz) an Kompetenzen ankommt, sondern spezifische Konfigurationen wie die Kombination von

---

[2] Das Vorgehen eines Soll-Ist-Vergleichs mittels QCA-Methodik kann man im Übrigen auch sehr gut für eine kleine Anzahl an Mitarbeitenden bzw. Teammitgliedern in Excel durchführen. An dieser Stelle ist nicht zwingend die Anwendung komplexer Analysetools erforderlich.

kollektiver Orientierung und Grit bereits hinreichend eine hohe Performance erklären können. Wir nehmen an, dass je nach Art des Projekts oder des Stellenprofils spezifische Kombinationen an Kompetenzen vorhanden sein müssen, dagegen andere Kompetenzen für die spezifischen Konfigurationen irrelevant sind und somit keine Beachtung in der Formulierung von Erfolgsrezepten finden.

Das folgende Vorgehen stellt exemplarisch das Vorgehen eines Soll-Ist-Vergleichs von Kompetenzprofilen mittels QCA-Methodik dar:

Zunächst treffen wir aus didaktischen Gründen die folgende Annahme bezüglich der Anforderungsprofile für Teammitglieder von Projektteams: Es gibt (mindestens) zwei Soll-Profile, die erfolgreiche (Team-)Performance hinreichend erklären können. Diese Soll-Profile können auch als Erfolgsrezepte bezeichnet werden und stellen (a) eine Kombination aus kollektiver Orientierung UND Resilienz (Abb. 6) ODER (b) eine Kombination aus kollektiver Orientierung UND Exploration (Ambidextrie) (Abb. 7) dar.

Wenn wir die Erfolgsrezepte erfolgreicher Arbeit kennen, können wir die Wahrheitstabelle verwenden, um einen Soll-Ist-Vergleich über den aktuellen Stand der Kompetenzen der einzelnen Teammitglieder zu erreichen. Betrachten wir zunächst die Wahrheitstabelle in Abb. 8: Wir suchen all diejenigen Idealtypen, die unserem Erfolgsrezept 1 mit der Kombination aus kollektiver Orientierung UND Resilienz entsprechen. Dafür konzentrieren wir uns ausschließlich auf die Spalten kollektive Orientierung und Resilienz. Für Erfolgsrezept 1 erfüllen die Idealtypen 10, 12, 14 und 16 unsere Anforderungen. Mehrere Fälle, sprich Teammitglieder, weisen ein Ist-Profil auf, das dem Soll-Profil entspricht. Die relevante Kompetenzkombination für Erfolgsrezept 1 (kollektive Orientierung und

Erfolgsrezept 1: Kollektive Orientierung UND Resilienz			
Kollektive Orientierung	Exploration (Ambidextrie)	Grit	Resilienz
1	0	0	1

Abb. 6 Erfolgsrezept 1

Erfolgsrezept 2: Kollektive Orientierung UND Exploration			
Kollektive Orientierung	Exploration (Ambidextrie)	Grit	Resilienz
1	1	0	0

Abb. 7 Erfolgsrezept 2

Idealtyp	Anzahl der Fälle	Kollektive Orientierung	Exploration (Ambidextrie)	Grit	Resilienz
1	3	0	0	0	0
2	0	0	0	0	1
3	0	0	0	1	0
4	1	0	0	1	1
5	0	0	1	0	0
6	0	0	1	0	1
7	2	0	1	1	0
8	2	0	1	1	1
9	1	1	0	0	0
⇨ 10	3	1	0	0	1
11	12	1	0	1	0
⇨ 12	35	1	0	1	1
13	0	1	1	0	0
⇨ 14	12	1	1	0	1
15	11	1	1	1	0
⇨ 16	121	1	1	1	1

Abb. 8 Soll-Ist-Vergleich für Erfolgsrezept 1

Resilienz) liegen bei all diesen Idealtypen vor, die übrigen Kompetenzen (Exploration (Ambidextrie)) und Grit) sind im Erfolgsrezept nicht enthalten und daher ist es irrelevant, ob die Kompetenzen Exploration (Ambidextrie) und / oder Grit vorliegen oder nicht.

Ähnlich erfolgt der Soll-Ist-Vergleich für Erfolgsrezept 2 (Abb. 9). Hier erfüllen die Idealtypen 13, 14, 15 und 16 unsere Anforderungen.

4 Kompetenzprofile auf Teamebene

Mit dem wachsenden Einsatz von Projektteams gewinnt auch die Bedeutung von Teamkompetenzprofilen an Relevanz. Das hat zur Folge, dass Kompetenzprofile nicht nur auf Individualebene, sondern auch auf Teamebene betrachtet werden müssen. Nicht umsonst werden Teams in der Forschung auch als *komplexe Systeme* beschrieben, die

Idealtyp	Anzahl der Fälle	Kollektive Orientierung	Exploration (Ambidextrie)	Grit	Resilienz
1	3	0	0	0	0
2	0	0	0	0	1
3	0	0	0	1	0
4	1	0	0	1	1
5	0	0	1	0	0
6	0	0	1	0	1
7	2	0	1	1	0
8	2	0	1	1	1
9	1	1	0	0	0
10	3	1	0	0	1
11	12	1	0	1	0
12	35	1	0	1	1
13	0	1	1	0	0
14	12	1	1	0	1
15	11	1	1	1	0
16	121	1	1	1	1

Abb. 9 Soll-Ist-Vergleich für Erfolgsrezept 2

sich dynamisch zwischen Individualebene, Teamebene und organisationaler Ebene bewegen (Mathieu et al., 2019). Teamarbeit zeichnet sich also durch *kausale Komplexität* aus, die sich über mehrere Ebenen spannt (Misangyi et al., 2017). Damit wird erneut auf einen konfigurationellen, holistischen Ansatz verwiesen, bei dem Teams mehr sind als die Summe ihrer Teammitglieder. Viel eher kommt es u. a. auf die Kombination von Teamkompetenzen an. Wir benötigen also erneut die QCA.

Erste Studien verwenden die QCA bereits, um sich mit konfigurationellen Fragen zur optimalen Zusammensetzung von Teams auseinanderzusetzen (Díaz-Fernández et al., 2020; Iseke et al., 2015; Malik & Orr, 2022; Pham & Lo, 2023). Die Methode ermöglicht es den Forschenden, Zusammenhangsanalysen zwischen Kombinationen von Merkmalen individueller Teammitglieder (z. B. Nationalität oder Geschlecht) und Performance-Indizes zu untersuchen, mit dem Ergebnis, dass es auf spezifische Merkmalskombinationen im Team ankommt, dabei aber auch mehrere spezifische Kombinationen identifiziert werden können, um Teamerfolg zu erklären. In der Forschung ist die QCA für die Identifizierung von Kombinationen der Teamkompetenzen bislang allerdings ungenutzt.

Genauer gefasst, lässt sich die QCA aus praktischer Perspektive nutzen, um die folgenden Fragen zu beantworten: Wie können Teams hinsichtlich der Kompetenzen individueller Teammitglieder optimal besetzt werden? Müssen alle Teammitglieder stark in allen Kompetenzen sein? Welche Kompetenzen sollten tatsächlich alle Teammitglieder aufweisen oder gibt es Kompetenzen, bei denen es ausreicht, wenn sie bei mindestens einem Teammitglied stark ausgeprägt sind? Und schließlich: Welche Kompetenzanforderungen müssen an ein Teamkompetenzprofil eines Teams gestellt werden, damit dieses auch als ein erfolgreiches Team agieren kann?

Zur Beantwortung dieser Fragen müssen wir zunächst auf den Begriff der „Teamkompetenz" eingehen, der uns in diesem Abschnitt noch häufiger begegnen wird. Eine ausführliche Übersicht über in der Forschung gängige Aggregationslogiken und wann welche Aggregationslogik für Teams angemessen ist wird in Abschn. „Kompetenzen und Team Performance" in Kap. 3 dargelegt. Grundsätzlich lassen sich bei der Betrachtung von Teamkompetenz zwei Perspektiven einnehmen, die entscheidend zur Operationalisierung von Teamkompetenz beitragen (Mathieu et al., 2014): die Perspektive des Individuums und die des Teams. In der ersten Perspektive werden Kompetenzprofile schon für einzelne Teammitglieder erstellt (siehe Abschn. „Sprachbasierte Messungen und Übersetzung mittels Machine Learning" in Kap. 4). Dies wird darin begründet, dass eine hohe Passung der Kompetenzprofile von Individuen mit den Kompetenzanforderungen einer Tätigkeit oder einer Rolle mit einer guten Performance – auch auf Teamebene – einhergehen sollte. In der unternehmerischen Praxis wird diese Ansicht häufig geteilt. So werden Kompetenzprofile zunächst für individuelle Mitarbeitende bzw. Teammitglieder erfasst und evaluiert. Andererseits geht die zunehmende Relevanz agiler bzw. autonomer Projektteams auch mit dem Wegfall klassischer Teamrollen einher. So sind Rollen und Verantwortlichkeiten weniger scharf definiert. Die Perspektive des Teams gewinnt an Bedeutung, bei der die Kompetenzprofile erst auf der Teamebene fokussiert werden – hier kommt es vielmehr darauf an, wie Kompetenzen insgesamt im Team verteilt sind. Dabei können sich unter Umständen auch individuelle Teammitglieder mit solchen Kompetenzen im Team herauskristallisieren, die sich von besonderer Bedeutung für den Erfolg oder Misserfolg eines Teams zeigen. Wie optimale Kombinationen aus Kompetenzen innerhalb des Teams aussehen können, möchten wir im folgenden Abschnitt darstellen, indem wir Kompetenzprofile auf Teamebene mittels QCA analysieren.

Es ist wichtig, dass sich Unternehmen bei der Wahl der Operationalisierung von Teamkompetenz grundsätzlich Gedanken zu der Rolle der Teammitglieder innerhalb ihrer Teams machen sollten. So hat bereits Steiner (1972) beschrieben, dass die Art der Teamaufgabe Auswirkungen darauf hat, welchen Einfluss individuelle Teammitglieder auf die Team-Performance ausüben können (Hollenbeck et al., 2004; LePine et al., 1997). Damit einher gehen Überlegungen bezüglich potenzieller Interdependenzen zwischen den individuellen Teammitgliedern. Unternehmen sollten sich bewusst machen, ob Teammitglieder individuell einen großen Einfluss auf den Teamerfolg nehmen können, da sie beispielsweise Spezialist:innen sind und Kompetenzen oder Kenntnisse aufweisen, die den anderen Teammitgliedern fehlen. Dann kann es tatsächlich der Fall sein, dass sich Teammitglieder in ihren Fähigkeiten ergänzen und somit weniger substituierbar sind. Bezogen auf die Besetzung von Teams hätte dies zur Folge, dass man die Teammitglieder hinsichtlich ihrer individuellen Kompetenzprofile auswählen und einsetzen sollte; die Individualperspektive ist dann angemessen. Dagegen können zum Beispiel bei Kreativprojekten andere Anforderungen an den Teamerfolg geknüpft sein. Denkbar ist, dass Teammitglieder möglichst unterschiedlich sein sollten, um neue Anreize bzw. Ideen zu generieren. Alternativ denkbar ist, dass zur erfolgreichen Zusammenarbeit ein Mindestmaß an Kompetenz im Team, zum Beispiel in der Kompetenz Exploration (Ambidextrie) vorliegen sollte, dass alle Teammitglieder aufweisen, um Kreativität im Team zu ermöglichen. Zuletzt ist es möglich, dass es solche Kompetenzen gibt, bei denen es genügt, wenn (mindestens) ein Teammitglied sie aufweist. So mag es bereits hilfreich sein, wenn nur ein Teammitglied besonders hohen Grit aufweist und damit stets die langfristigen Ziele des Teams im Blick behält. Hingegen könnte ein hohes Maß an Grit im gesamten Team womöglich von den operativen Tätigkeiten ablenken (Hollenbeck et al., 2004; Mathieu et al., 2019). Hier wird also die Teamperspektive relevant.

5 Praxisbeispiel: Konfigurationelle Verfahren zur Besetzung von Teams

In diesem Abschnitt möchten wir anhand exemplarischer Beispiele basierend auf den Daten der empirischen Erhebung (siehe Abschn. „Validierung des Kompetenzmodells: Unsere Befunde" in Kap. 3) veranschaulichen, wie die QCA-Methodik eingesetzt werden kann, um Anforderungen an die Kompetenzprofile auf Teamebene abzuleiten. Dabei nehmen wir die Teamperspektive ein (vgl. Mathieu et al., 2017), d. h. wir sind an einer ganzheitlichen Betrachtung von Kompetenzen im Team interessiert. Wir gehen davon aus, dass es auf spezifische Kombinationen von Kompetenzen im Team ankommt, die den Teamerfolg erklären.

Unsere Idee ist es zudem, anhand von zwei unterschiedlichen Outcomes zu demonstrieren, dass unterschiedliche Team- bzw. Projektziele auch unterschiedliche Anforderungen an das Team stellen. Diese können wir mittels der QCA identifizieren. Das heißt, die QCA dient nicht nur als systematisches Analysetool zum Abgleich von Soll- und Ist-Profilen (vgl. Abschn. 3.2), sondern eignet sich ebenfalls dazu, Soll-Profile basierend auf den Erfahrungswerten erfolgreicher Teamarbeit zu identifizieren.

Wir veranschaulichen dieses Vorgehen an insgesamt vier exemplarischen Beispielen, die:

- zwei unterschiedliche Outcomes (**Effizienz** und **Kreativität**)

- mit jeweils zwei unterschiedlichen Aggregationsformen von Teamkompetenz (**Minimum-Aggregation** und eine **Mischung aus Minimum- und Maximum-Aggregation**) berücksichtigen.

Die folgenden Schritte veranschaulichen die Anwendung der QCA-Methodik zur Ableitung von Soll-Profilen für erfolgreiche Teamarbeit. Die Analysen wurden mit der Software R und dem QCA-Paket für R von Adrian Duşa (2023) durchgeführt. Sowohl die Software als auch das R-Paket sind frei verfügbar.

Praxistipp
Eine Schritt-für-Schritt Anleitung zur Umsetzung der QCA-Methodik in R bietet der folgende Beitrag an[3]: *Cangialosi, N. (2023). Fuzzy-Set Qualitative Comparative Analysis (fsQCA) in Organizational Psychology: Theoretical Overview, Research Guidelines, and A Step-By-Step Tutorial Using R Software. The Spanish Journal of Psychology, 26, E21.*

1. **Auswahl an erforderlichen Teamkompetenzen („Bedingungen") und dem Performancemaß („Outcome"):**

Wie bereits in Kap. „Kompetenzmodelle: Was wird gemessen?" erläutert, stellen die Great Eight nach Bartram (2005) relevante Kompetenzen für eine Vielzahl unterschiedlicher Teams dar. Sie wurden ebenfalls im Rahmen unserer empirischen Erhebung (siehe Abschn. „Validierung des Kompetenzmodells: Unsere Befunde" in Kap. 3) für 30 Teams mit insgesamt 203 Teammitgliedern erhoben. Dabei handelt es sich um heterogene Teams aus unterschiedlichen Branchen und Abteilungen, bei denen einerseits die Rollen innerhalb des Teams unterschiedlich stark definiert sind, bei denen andererseits aber auch Teamerfolg zum Teil unterschiedlich verstanden wird – zumindest aber unterschiedliche Dimensionen von Teamerfolg unterschiedlich stark priorisiert sein können. So kann bei einigen Teams eine schnelle und effiziente Abwicklung von Kundenprojekten das vorrangige Ziel *(Effizienz)*, bei anderen bzw. agilen Teams dagegen eher eine erfolgreiche Produktinnovation *(Kreativität)*. Beide Faktoren, also die Verteilung von Rollen im Team wie auch das vorrangige Teamziel, beeinflussen wiederum die Anforderungen, die an das Team gestellt werden.

In diesem Abschnitt beziehen wir uns erneut auf die Daten der empirischen Erhebung (siehe Abschn. „Validierung des Kompetenzmodells: Unsere Befunde" in Kap. 3)

[3] Für eine detaillierte Anleitung zur Rechnung von QCA-Modellen mittels R-Software eignen sich „Duşa, A. (2018). QCA with R: A comprehensive resource. Springer" sowie „Oana, I. E., Schneider, C. Q., & Thomann, E. (2021). Qualitative comparative analysis using R: A beginner's guide. Cambridge University Press".

und greifen die Great-Eight-Kompetenzen auf, wobei wir zum besseren Verständnis der QCA-Methodik das reduzierte Modell der Great Eight verwenden (*kollektive Orientierung, Resilienz, Exploration (Ambidextrie)* und *Grit*). Zudem betrachten wir zwei unterschiedliche Teamerfolgsmaße: *Effizienz* und *Kreativität*.

2. **Aggregation von Kompetenzen**

Zur Ableitung von Kompetenzprofilen auf Teamebene nutzen wir Minimum- und Maximum-Aggregationen. Teamprofile können Kompetenzen enthalten, die bei allen Teammitgliedern stark ausgeprägt sein sollten (Minimum), und gleichzeitig Kompetenzen, die lediglich bei mindestens einem Teammitglied stark ausgeprägt sein sollten (Maximum). Dazu treffen wir zwei Annahmen für die QCA, die wir zu einem späteren Punkt gegenüberstellen wollen: Einerseits nehmen wir für unsere vier Teamkompetenzen an, dass das schwächste Teammitglied den Teamerfolg bestimmt *(„weakest link")*. Dem entsprechen QCA-Modelle, bei denen das Minimum an Kompetenz (= Kompetenzausprägung des schwächsten Mitglieds) innerhalb des Teams dem gesamten Team als Wert zugeschrieben wird (Goertz, 2020, S. 163–191). Das ist angemessen, wenn man annimmt, dass ein Team dann effizient agiert, wenn alle Teammitglieder teamorientiert handeln und damit ein Mindestmaß an der Kompetenz kollektive Orientierung vorliegt. Andererseits ist es plausibel zu argumentieren, dass das stärkste Mitglied im Team *(„best shot")* den Teamerfolg stark beeinflusst. Hier könnte man sich beispielsweise vorstellen, dass ein hohes Maß an Grit bereits eines einzigen Teammitglieds entscheidend zum Teamerfolg beitragen kann, da dieses Teammitglied mit Leidenschaft und Ausdauer auch langfristige Ziele verfolgt und damit ggf. auch andere Teammitglieder mitziehen kann. Dies legt QCA-Modelle mit einer Maximum-Aggregation in den Kompetenzen nahe, bei der die Kompetenzausprägung des stärksten Teammitglieds dem Team zugeschrieben wird. Das stärkste Teammitglied kann die Schwächen der übrigen Teammitglieder ausgleichen, was damit auch ein hohes Maß an Substituierbarkeit darstellt. D. h. die schwächeren Teammitglieder wären in diesem Fall leicht substituierbar, das starke Mitglied allerdings gar nicht, da diese Person den Teamerfolg maßgeblich bestimmt.

3. **Kalibrierung**

Bevor wir die QCA anwenden können, müssen wir die Rohwerte unserer Daten kalibrieren. Die Rohwerte entsprechen in unserem Fall den Werten der Likert-Skalen. Wir verwenden hier die Fuzzy-set-QCA, sodass wir die Rohwerte in *unscharfe* Mengenwerte (Werte zwischen 0 und 1) kalibrieren. Obwohl bei der Fuzzy-set-QCA die unscharfen Mengenwerte nicht in der Wahrheitstabelle dargestellt werden, spielen sie bei den Auswertungen hinsichtlich notwendiger und hinreichender Bedingungen eine entscheidende Rolle.

Tab. 2 QCA-Modelle als Praxisbeispiele

		Teamaggregation	
		Minimum	Minimum + Maximum (Grit)
Erfolgsmaß	Effizienz	1a	1b
	Kreativität	2a	2b

Bei der Kalibrierung orientieren wir uns an der verbalen Beschreibung der Skalenwerte, die sowohl für die Kompetenzmessungen als auch für die Messung der Performancemaße verwendet wurden. Hier sind vor allem die Skalenmittelwerte von größter Relevanz. Bei Rohwerten über dem Skalenmittelwert (d. h. größer 3 für 5er Skalen und größer 4 für 7er Skalen) wird dem Team die Kompetenz (eher) zugeschrieben. Diesen Teams wird in der Wahrheitstabelle der scharfe Mengenwert von 1 (= liegt vor) zugeordnet. Liegt der Rohwert der Skalen bei Werten bis einschließlich 3 (5er Skala) oder einschließlich 5 (7er Skala), wird dem Team die Kompetenz (eher) nicht zugeschrieben. In der Wahrheitstabelle spiegeln sich diese Werte in einer 0 (= liegt nicht vor) wider.

4. **Wahrheitstabelle**

Wir rechnen insgesamt vier unterschiedliche QCA-Modelle für zwei Erfolgsmaße (Effizienz und Kreativität) mit jeweils zwei unterschiedlichen Aggregationen von Teamkompetenz (s. Tab. 2): (a) Minimum-Aggregation für alle Kompetenzen, sprich das schwächste Teammitglied ist entscheidend und damit benötigen alle Teammitglieder jede der vier Kompetenzen, und (b) eine Kombination aus Minimum- und Maximum-Aggregation, sprich einige Kompetenzen benötigen alle Teammitglieder (Minimum-Aggregation für kollektive Orientierung, Exploration, Resilienz), bei Grit dagegen gehen wir davon aus, dass es reicht, wenn mindestens ein Teammitglied eine hohe Ausprägung in der Kompetenz aufweist (Maximum-Aggregation).

Basierend auf diesen Überlegungen ergeben sich vier Wahrheitstabellen, die in Abb. 10 bis 11 dargestellt sind.[4] Zum einfacheren Verständnis weisen wir in den Wahrheitstabellen nur diejenigen Konfigurationen aus, die wir in unserem Datensatz auch tatsächlich beobachten. Außerdem finden wir in den Wahrheitstabellen nun auch eine Spalte für den Outcome (Effizienz bzw. Kreativität).

Betrachten wir die vier Wahrheitstabellen genauer, lässt sich schnell feststellen, dass je nach Aggregationsmaß (Abb. 10 und 11) sowie je nach Outcome (für Effizienz Abb. 10, für Kreativität Abb. 11) unterschiedliche Konfigurationen bzw. Idealtypen die Anwesenheit des Outcomes (1), was einem Teamerfolg entspricht, und die Abwesenheit (0) des Outcomes, hinreichend erklären. Zum Beispiel beobachten wir für Modell 1a die

[4] Bei der Generierung der Wahrheitstabellen werden Kennzahlen (z. B. ein Maß für die Konsistenz) genutzt, die es uns erlauben, kausale Rückschlüsse zwischen den hinreichenden Bedingungen und unserem Outcome zu ziehen (Schneider und Wagemann, 2012, S. 119–150).

Idealtyp	Anzahl der Fälle	Kollektive Orientierung	Exploration (Ambidextrie)	Grit	Resilienz	Effizienz	Incl	PRI
9	4	1	0	0	0	1	0.954	0.823
11	2	1	1	1	0	1	0.954	0.793
14	7	1	0	0	1	1	0.930	0.791
13	5	1	1	0	0	1	0.919	0.711
1	3	0	0	0	0	0	0.940	0.682
16	2	1	1	1	1	0	0.914	0.674
10	5	1	0	0	1	0	0.890	0.605

Abb. 10 Wahrheitstabelle für Modell 1a

Wahrheitstabelle in Abb. 10. Vier Idealtypen bzw. vier Kompetenzprofile können als hinreichend für den Outcome Effizienz definiert werden. Ein mögliches Anforderungsprofil für Effizienz kann also darin bestehen, dass alle Teammitglieder kollektiv orientiert (1) sind, gleichzeitig aber bei mindestens einem Teammitglied, dem „Schwächsten", die Kompetenzen Exploration, Grit und Resilienz im Team nicht vorliegen (0) (Idealtyp 9). Dabei können mehrere Fälle, in unserem Fall sind Teams gemeint, wieder einem Idealtyp bzw. einem Kompetenzprofil zugeordnet werden. Hier sind es vier Fälle, also vier Teams, die dieses Profil in unserem Datensatz aufweisen. Ein weiteres Profil, das hinreichend für Effizienz ist, besteht aus der Kombination kollektiver Orientierung und Resilienz (1), das für alle Teammitglieder vorliegt. Dagegen liegen hier aber wieder Exploration und Grit (0) bei mindestens einem Teammitglied nicht vor (Idealtyp 14). Die Anforderungsprofile zeigen damit erneut auf, dass ein „mehr" an Kompetenz nicht immer nötig ist.

Die Wahrheitstabelle zu Modell 2a in Abb. 11 zeigt, dass es bei den Idealtypen auch solche gibt, die sowohl hinreichend für eine hohe Effizienz als auch hinreichend für eine

Idealtyp	Anzahl der Fälle	Kollektive Orientierung	Exploration (Ambidextrie)	Grit	Resilienz	Kreativität	Incl	PRI
11	2	1	1	0	0	1	0.966	0.958
16	2	1	1	1	1	1	0.962	0.665
1	3	0	0	0	0	0	0.955	0.701
9	4	1	0	0	0	0	0.933	0.611
10	5	1	0	0	1	0	0.918	0.636
13	5	1	0	1	0	0	0.910	0.526
14	7	1	0	1	1	0	0.900	0.582

Abb. 11 Wahrheitstabelle für Modell 2a

Idealtyp	Anzahl der Fälle	Kollektive Orientierung	Exploration (Ambidextrie)	Grit	Resilienz	Effizienz	Incl	PRI
15	2	1	1	1	0	1	0.956	0.826
13	9	1	0	1	0	1	0.928	0.789
16	2	1	1	1	1	1	0.915	0.694
14	12	1	0	1	1	1	0.886	0.717
5	4	0	0	1	0	0	0.918	0.607

Abb. 12 Wahrheitstabelle für Modell 1b

Idealtyp	Anzahl der Fälle	Kollektive Orientierung	Exploration (Ambidextrie)	Grit	Resilienz	Kreativität	Incl	PRI
15	2	1	1	1	0	1	0.996	0.969
16	2	1	1	1	1	1	0.963	0.718
14	12	1	0	1	1	1	0.879	0.931
5	4	0	0	1	0	0	0.939	0.630
13	9	1	0	1	0	0	0.879	0.547

Abb. 13 Wahrheitstabelle für Modell 2b

hohe Kreativität sind. Hierzu gehört der Idealtyp 13 in Abb. 12 bzw. Idealtyp 11 in Abb. 13. Dieser vereint eine Kombination aus kollektiver Orientierung und Exploration (für alle Teammitglieder) mit der Abwesenheit von Grit und Resilienz (bei mindestens einem Teammitglied). Dagegen beobachten wir auch ein neues Profil, das hinreichend für Kreativität ist. Wir sehen, dass bei Idealtyp 16 alle vier Kompetenzen im Team vorliegen.

Ähnliche Ergebnisse sehen wir auch für die Wahrheitstabelle der Modelle 1b und 2b in den Abb. 12 und 13, bei denen wir die Aggregationen der Teamkompetenzen variieren, sodass nun für Grit gilt, dass mindestens ein Teammitglied ein hohes Maß an Grit aufweisen muss, damit Grit im Team vorliegt (Maximum-Aggregation). Die Idealtypen, die hinreichend für unsere Outcomes Effizienz und Kreativität sind, variieren, was erneut zeigt, dass es von Bedeutung ist, sich Gedanken über die Formulierung des Teammodells zu machen.

Insgesamt spiegeln unsere QCA-Modelle die unterschiedlichen Anforderungen wider, welche in der beruflichen Praxis an Projektteams gestellt werden. Dabei müssen flexible, agile Projektteams gewiss anderen Anforderungen genügen als jene Teams, die bereits seit Jahren in festen Strukturen zusammenarbeiten. Die Methode ermöglicht also die formale, systematische Darstellung komplexer Zusammenhänge zwischen Teamkompetenzen und Performancemaßen. Darüber hinaus erlauben die Wahrheitstabellen bereits erste Rückschlüsse darauf, welche (Team-)Kompetenzprofile den Teamerfolg hinreichend erklären.

In einem nächsten Schritt erfolgen weitere, tiefergehende Analysen mittels QCA. So werden die Wahrheitstabellen in der Software logisch minimiert, um hinreichende Bedingungen für Teamerfolg zu identifizieren. Auf diese Art können wir die QCA-Methodik nutzen, um zu erfahren, welche Kombinationen an Teamkompetenz vorliegen sollten, um erfolgreiche Teamarbeit erklären zu können – wir können potenzielle Anforderungsprofile für unsere vier exemplarischen Modelle definieren.

Allerdings möchten wir an dieser Stelle bereits darauf hinweisen, dass sich die Ergebnisse der QCA nur bedingt kausal interpretieren lassen, da es sich bei unserem Datensatz um eine vergleichsweise kleine Größe von teils sehr heterogenen Teams handelt, die wir mit der QCA betrachten.

5. **Notwendige und hinreichende Bedingungen für Teamerfolg**

Mit der QCA verfolgen wir das Ziel, notwendige und hinreichende Bedingungen für einen Outcome zu identifizieren. In unserem Praxisbeispiel möchten wir die QCA dazu nutzen, notwendige (Team-)Kompetenzen sowie hinreichende Kombinationen von (Team-) Kompetenzen für den Teamerfolg im Sinne von Effizienz und Kreativität zu identifizieren.

Notwendige Bedingungen

Bei der Analyse notwendiger Bedingungen werden diese Bedingungen zunächst individuell betrachtet. Wir prüfen also für jede Kompetenz (und ihre unterschiedliche Aggregation), ob sie notwendig für Effizienz (siehe Tab. 3) oder für Kreativität (siehe Tab. 4) ist. Zur Evaluation der notwendigen Bedingungen werden unterschiedliche Maßzahlen verwendet. Das Konsistenzmaß ist eines davon. Eine Bedingung ist dann (nahezu) notwendig, wenn sie ein Konsistenzmaß von über 0.9 aufweist. In Tab. 3 und 4 liegt die Kompetenz kollektive Orientierung leicht unter der 0,9, allerdings kommen die Werte 0,863 für Effizienz und 0,870 für Kreativität nah an die 0,9 heran. Für einen weiteren Parameter, die Relevanz der Notwendigkeit, werden für beide Outcomes recht hohe Werte ermittelt. Somit kann man auf eine nahezu notwendige Bedingung für Teamerfolg schließen. Dadurch dass wir bei der kollektiven Orientierung eine Minimum-Aggregation betrachten, bedeutet unser Ergebnis, dass es notwendig für Teamerfolg ist, dass alle Teammitglieder kollektiv orientiert sind. Das Ergebnis unserer systematischen Analyse erscheint plausibel: Kollektive Orientierung ist eine notwendige Voraussetzung für erfolgreiche Teamarbeit.

Neben kollektiver Orientierung weist eine weitere Kompetenz besonders hohe Werte für das Konsistenzmaß für beide Outcomes auf: Grit bei Betrachtung einer Maximum-Aggregation. Allerdings beobachten wir für Grit im Parameter Relevanz der Notwendigkeit sehr geringe Werte von 0,258 (für Effizienz) und 0,227 (für Kreativität). Das bedeutet, dass es sich hierbei um sogenannte triviale notwendige Bedingungen handelt

Tab. 3 Analyse notwendiger Bedingungen für das Teamerfolgsmaß Effizienz

Bedingung	Konsistenzmaß	Relevanz der Notwendigkeit	Abdeckungsmaß
Kollektive Orientierung (Minimum)	0,863	0,774	0,838
Exploration (Minimum)	0,501	0,963	0,926
Grit (Minimum)	0,740	0,881	0,879
Resilienz (Minimum)	0,695	0,877	0,862
Grit (Maximum)	0,996	0,258	0,690

Tab. 4 Analyse notwendiger Bedingungen für das Teamerfolgsmaß Kreativität

Bedingung	Konsistenzmaß	Relevanz der Notwendigkeit	Abdeckungsmaß
Kollektive Orientierung (Minimum)	0,870	0,707	0,771
Exploration (Minimum)	0,564	0,976	0,952
Grit (Minimum)	0,777	0,851	0,843
Resilienz (Minimum)	0,733	0,853	0,831
Grit (Maximum)	1,000	0,227	0,632

(Schneider & Wagemann, 2012, S. 233–237). In unserem Datensatz gibt es in jedem Team mindestens ein Teammitglied, welches eine hohe Ausprägung in der Kompetenz Grit aufweist. Daher können wir bei dem Vorliegen eines hohen Grit nicht ausschließlich auf Teamerfolg schließen.

Hinreichende Bedingungen

Neben individuellen Kompetenzen, die mittels Analyse notwendiger Bedingungen identifiziert werden, interessieren wir uns insbesondere für Kombinationen von Kompetenzen, die Teamerfolg erklären können. Hierfür bedarf es einer Analyse hinreichender Bedingungen. Die Ergebnisse der Analyse[5] werden im Folgenden mithilfe von Booleschen Ausdrücken (siehe Abschn. 3.2) dargestellt:

Modell 1a
Kollektive Orientierung (min) UND ~Resilienz (min)
ODER Kollektive Orientierung (min) UND Grit (min) UND ~Exploration (min)
→ Effizienz

So lässt sich der Boolesche Ausdruck für Modell 1a als folgende Anforderungen an Teamkompetenzen lesen: Die Kombination aus kollektiver Orientierung **und** der Abwesenheit von Resilienz (bei mindestens einem Teammitglied) **oder** die Kombination aus kollektiver Orientierung **und** Grit **und** der Abwesenheit von Exploration (Ambidextrie) (bei mindestens einem Teammitglied) ist **hinreichend** für eine hohe Effizienz. Kollektive Orientierung ist dabei Teil beider Lösungspfade, da es sich hier um eine notwendige Bedingung handelt. Da wir Teamkompetenz über das Minimum einer Kompetenz im Team messen, bedeutet das konkret, dass alle Teammitglieder kollektiv orientiert sein müssen. Zusätzlich weist mindestens ein Teammitglied keine besonders hohe Resilienz auf. Oder anders ausgedrückt: Nicht alle Teammitglieder dürfen die Kompetenz Resilienz in einem hohen Maße aufweisen. Alternativ weisen alle Teammitglieder zusätzlich zur kollektiven Orientierung Grit auf, Exploration ist bei mindestens einem Teammitglied abwesend. Wir beobachten somit zwei äquifinale Lösungspfade bzw. Erfolgsrezepte für eine hohe Effizienz. Dabei sehen wir weiterhin, dass Teams nicht zwangsläufig ein möglichst vollständiges Kompetenzprofil aufweisen müssen. Von größerer Bedeutung sind spezifische Kombinationen an Teamkompetenzen. Tatsächlich beobachten wir sogar Lösungspfade, bei denen Kompetenzen nicht vollständig im gesamten Team vorhanden sein sollten. Betrachten wir den zweiten Lösungspfad erneut, sehen wir ein Anforderungsprofil, das aus der Kombination kollektiver Orientierung und Grit mit der Abwesenheit von Exploration (bei mindestens einem Teammitglied) hinreichend für hohe Effizienz ist. So scheint es, dass eine hohe Exploration bei allen Teammitgliedern, also das Herangehen an Aufgaben mithilfe neuartiger Ansätze, womöglich negativ zur effizienten Erfüllung der Teamaufgaben beiträgt. Insbesondere bei Teams, die eine hohe Effizient verfolgen, ist es denkbar, dass es eher hinderlich für das Team ist, wenn alle Teammitglieder neue Herangehensweisen verfolgen und somit von potenziell üblichen Verfahrensmustern abweichen. Dies zeigt: Die QCA deckt Strukturen in den Daten auf, die man nicht ohne weiteres als kausal interpretieren sollte.

---

[5] Wir stellen hier die „parsimonious solution“ vor. In der Realität beobachten wir selten alle logisch möglichen Idealtypen. Zur Generierung einer möglichst einfachen („parsimonious“) Lösung wird daher angenommen, dass alle unbeobachteten Fälle mit dem Vorliegen des Outcomes verbunden sind (Schneider & Wagemann, 2012, S. 167–169).

Die Ergebnisse der Analyse der hinreichenden Bedingungen für die drei weiteren QCA-Modelle in Form Boolescher Ausdrücke folgen derselben Logik. Sie werden wie folgt ausgewiesen:

Modell 1b

Kollektive Orientierung (min) → Effizienz

Die hinreichende Bedingung des Modells 2b besteht aus einer einzigen Kompetenz, die in diesem Fall nicht nur eine hinreichende, sondern auch eine notwendige Bedingung für eine hohe Effizienz darstellt.

Modell 2a

Kollektive Orientierung (min) UND Exploration (min) → Kreativität

Die hinreichende Bedingung des Modells 2a besteht aus einem Lösungspfad, der aus einer Kombination von kollektiver Orientierung und Exploration besteht, die in ihrer Konfiguration ein hohes Maß an Kreativität erklären kann. Während die Kompetenz Exploration in Modell 1a mit dem Outcome Effizienz als Teil eines Lösungspfades bei mindestens einem Teammitglied vorliegen sollte, sehen wir nun, dass Exploration (in Kombination mit kollektiver Orientierung) für einen anderen Outcome, nämlich Kreativität, entscheidend zum Teamerfolg beitragen kann, sofern er bei allen Teammitgliedern vorliegt. Eine Differenzierung der Team-Performance in Effizienz und Kreativität scheint also angemessen zu sein.

Modell 2b

Kollektive Orientierung (min) UND Exploration (min)
ODER Kollektive Orientierung (min) UND Resilienz (min) → Kreativität

Zuletzt betrachten wir zwei alternative Lösungspfade für den Outcome Kreativität, wenn wir die Aggregation variieren mit Modell 2b. Wir beobachten erneut zwei äquifinale Lösungspfade, die nun aus einer Kombination aus kollektiver Orientierung mit Exploration oder Resilienz bestehen.

Zusammenfassend zeigen die Ergebnisse der Analyse der hinreichenden Bedingungen unserer vier QCA-Modelle also auf, dass es nicht eine, sondern mehrere Kombinationen von Kompetenzen, sprich Teamkompetenzprofile, gibt, die Teamerfolg erklären. Dabei üben sowohl Überlegungen hinsichtlich der Aggregation von Teamkompetenz als auch der genauen Definition der Performance (Effizienz oder Kreativität) einen Einfluss auf die Anforderungsprofile der Teams aus. Dies bestätigt, dass Unternehmen bei der Besetzung von Teams auch ein konkretes Performancemaß definieren und in Abhängigkeit dessen die Kompetenzen der Teammitglieder betrachten sollten. Ebenso sollten sich die Unternehmen über die Rolle der einzelnen Teammitglieder im Team Gedanken machen.

Wir weisen erneut darauf hin, die Ergebnisse nicht kausal zu interpretieren. So handelt es sich bei unserem Praxisbeispiel und unseren vier Modellen vielmehr um exemplarische

Beispiele zur Anwendung der QCA-Methodik. Viel mehr können und sollten Unternehmen die QCA als Methode nutzen, um für sie relevante Anforderungsprofile an Teams zu definieren.

6 QCA als Tool für das Kompetenzmanagement

Die Anforderungen an die Kompetenzen und Kompetenzprofile von Mitarbeitenden und Teams variieren zum Teil stark und werden von diversen Faktoren beeinflusst (Mathieu et al., 2017). Auch Unternehmen unterscheiden sich in den Anforderungen, die sie an ihre Mitarbeitenden stellen. Das Ziel dieses Kapitels bestand daher darin, der Praxis mit der QCA (Qualitative Comparative Analysis) ein Tool an die Hand zu geben, welches es Unternehmen ermöglicht, Kompetenzen von Mitarbeitenden und Teams systematisch so zu evaluieren, dass die zukünftige Besetzung von Projektteams auf Erfahrungswerten erfolgreicher Teamarbeit basiert (prädikativ).

Während die QCA als konfigurationeller Forschungsansatz und Forschungsmethode in der Forschung bereits etabliert ist und erste Studien die Methode zur Analyse von Kompetenzprofilen verwenden, fehlte es bislang an konkreten Ansätzen zur Nutzung der Methode in der unternehmerischen Praxis.

In diesem Kapitel konnten wir zeigen, dass sich die QCA auf vielfältige Weise als Tool für das Kompetenzmanagement einsetzen lässt. So eignet sie sich einerseits zum systematischen Abgleich von Anforderungsprofilen (Soll-Profilen) mit Kompetenzprofilen (Ist-Profilen) sowohl für individuelle Mitarbeitende als auch für Teams. Andererseits eignet sich die QCA als Tool zur systematischen Ableitung von Anforderungsprofilen. Für die Praxis bedeutet dies insbesondere, dass wir aus teils aufwendig erhobenen Daten über die Kompetenzen der Mitarbeitenden lernen können und sollten. Nur so kann der Übergang zu einem prädikativem Kompetenzmanagement realisiert werden.

Literatur

Abubakar, A. M., Namin, B. H., Harazneh, I., Arasli, H., & Tunç, T. (2017). Does gender moderate the relationship between favoritism/nepotism, supervisor incivility, cynicism and workplace withdrawal: A neural network and SEM approach. *Tourism Management Perspectives, 23*, 129–139. https://doi.org/10.1016/j.tmp.2017.06.001.

Adler, S., Campion, M., Colquitt, A., Grubb, A., Murphy, K., Ollander-Krane, R., & Pulakos, E. D. (2016). Getting rid of performance ratings: Genius or folly? *A debate. Industrial and Organizational Psychology, 9*(2), 219–252. https://doi.org/10.1017/iop.2015.106.

Ahmetoglu, G., Chamorro-Premuzic, T., & Furnham, A. (2010). Interpersonal relationship orientations, leadership, and managerial level: Assessing the practical usefulness of the FIRO-B in organizations. *International Journal of Selection and Assessment, 18*(2), 220–225. https://doi.org/10.1111/j.1468-2389.2010.00504.x.

Alagaraja, M. (2013). HRD and HRM perspectives on organizational performance. *Human Resource Development Review, 12*(2), 117–143. https://doi.org/10.1177/1534484312450868.

Arici, H. E., Arasli, H., Çobanoğlu, C., & Hejraty Namin, B. (2021). The effect of favoritism on job embeddedness in the hospitality industry: A mediation study of organizational justice. *International Journal of Hospitality & Tourism Administration, 22*(4), 383–411. https://doi.org/10.1080/15256480.2019.1650685.

Aritzeta, A., Swailes, S., & Senior, B. (2007). Belbin's team role model: Development, validity and applications for team building. *Journal of Management Studies, 44*(1), 96–118. https://doi.org/10.1111/j.1467-6486.2007.00666.x.

Badura, K. L., Galvin, B. M., & Lee, M. Y. (2022). Leadership emergence: An integrative review. *Journal of Applied Psychology, 107*(11), 2069–2100. https://doi.org/10.1037/apl0000997.

Bailey, R. (2017). HR applications of psychometrics. In B. Cripps (Hrsg.), *Psychometric testing* (S. 85–111). Wiley. https://doi.org/10.1002/9781119183020.ch7.

Barrett, P., Kline, P., Paltiel, L., & Eysenck, H. J. (1996). An evaluation of the psychometric properties of the concept 5.2 occupational personality questionnaire. *Journal of Occupational and Organizational Psychology, 69*(1), 1–19. https://doi.org/10.1111/j.2044-8325.1996.tb00595.x.

Bartram, D. (2004). Assessment in organisations. *Applied Psychology, 53*(2), 237–259. https://doi.org/10.1111/j.1464-0597.2004.00170.x.

Bartram, D. (2005). The great eight competencies: A criterion-centric approach to validation. *The Journal of applied psychology, 90*(6), 1185–1203. https://doi.org/10.1037/0021-9010.90.6.1185.

Bartram, D., Robertson, I. T., & Callinan, M. (2002). Introduction: A framework for examining organizational effectiveness. In I. T. Robertson, M. Callinan, & D. Bartram (Hrsg.), *Organizational Effectiveness* (S. 1–10). Wiley. https://doi.org/10.1002/9780470696736.ch.

K. Thommes et al. (Hrsg.), *Digitales und prädiktives Kompetenzmanagement*, Intelligente Technische Systeme – Lösungen aus dem Spitzencluster it's OWL, https://doi.org/10.1007/978-3-662-68838-0

Bateman, T. S., & Crant, J. M. (1993). The proactive component of organizational behavior: A measure and correlates. *Journal of Organizational Behavior, 14*(2), 103–118. https://doi.org/10.1002/job.4030140202.

Baur, J. E., Ellen, P. B., III., Buckley, R. M., Ferris, G. R., Allison, T. H., McKenny, A. F., & Short, J. C. (2016). More than one way to articulate a vision: A configurations approach to leader charismatic rhetoric and influence. *The Leadership Quarterly, 27*(1), 156–171. https://doi.org/10.1016/j.leaqua.2015.08.002.

Beardmore-Gray, Y., McCarthy, T., Borkowski, T., Baron, H., Kurz, R., Kandola, R., Bartram, D., Lindley, P., & Marshall, L. A. (2003). Advanced Managerial Tests (AMT). British Psychological Society. https://doi.org/10.53841/bpstest.2003.amt.

Bechger, T. M., Maris, G., & Hsiao, Y. P. (2010). Detecting halo effects in performance-based examinations. *Applied Psychological Measurement, 34*(8), 607–619. https://doi.org/10.1177/0146621610367897.

Beggs, A., & Graddy, K. (2009). Anchoring effects: Evidence from art auctions. *American Economic Review, 99*(3), 1027–1039. https://doi.org/10.1257/aer.99.3.1027.

Beierlein, C., Kovaleva, A., Kemper, C. J., & Rammstedt, B. (2014). *Allgemeine Selbstwirksamkeit Kurzskala (ASKU)*https://doi.org/10.6102/zis35.

Beißert, H., Köhler, M., Rempel, M., & Beierlein, C. (2015). Deutschsprachige Kurzskala zur Messung des Konstrukts Need for Cognition NFC-Khttps://doi.org/10.6102/zis230.

Bell, S. T. (2007). Deep-level composition variables as predictors of team performance: A meta-analysis. *The Journal of applied psychology, 92*(3), 595–615. https://doi.org/10.1037/0021-9010.92.3.595.

Bell, S. T., Brown, S. G., & Weiss, J. A. (2018). A conceptual framework for leveraging team composition decisions to build human capital. *Human Resource Management Review, 28*(4), 450–463. https://doi.org/10.1016/j.hrmr.2017.06.003.

Ben Sedrine, S., Bouderbala, A., & Nasraoui, H. (2021). Leadership style effect on virtual team efficiency: Trust, operational cohesion and media richness roles. *Journal of Management Development, 40*(5), 365–388. https://doi.org/10.1108/JMD-10-2018-0289.

Berger, J., Harbring, C., & Sliwka, D. (2013). Performance appraisals and the impact of forced distribution – An experimental investigation. *Management Science, 59*(1), 54–68. https://doi.org/10.1287/mnsc.1120.1624.

Bernard, R. M., Zhang, D., Abrami, P. C., Sicoly, F., Borokhovski, E., & Surkes, M. A. (2008). Exploring the structure of the Watson-Glaser critical thinking appraisal: One scale or many subscales? *Thinking Skills and Creativity, 3*(1), 15–22. https://doi.org/10.1016/j.tsc.2007.11.001.

Bol, J. C., & Smith, S. D. (2011). Spillover effects in subjective performance evaluation: Bias and the asymmetric influence of controllability. *The Accounting Review, 86*(4), 1213–1230. https://doi.org/10.2308/accr-10038.

Booth, A., Sutton, A., Clowes, M., & Martyn-St James, M. (2022). *Systematic approaches to a successful literature review* (3. Aufl.). SAGE.

Borman, W. C., & Brush, D. H. (1993). More progress toward a taxonomy of managerial performance requirements. *Human Performance, 6*(1), 1–21. https://doi.org/10.1207/s15327043hup0601_1.

Boxall, P. (1996). The strategic HRM debate and the resource-based view of the firm. *Human Resource Management Journal, 6*(3), 59–75. https://doi.org/10.1111/j.1748-8583.1996.tb00412.x.

Bracken, D. W., Timmreck, C. W., Fleenor, J. W., & Summers, L. (2001). 360 Feedback from another angle. *Human Resource Management, 40*(1), 3–20. https://doi.org/10.1002/hrm.4012.

Brown, T. J., Mowen, J. C., Donavan, D. T., & Licata, J. W. (2002). The customer orientation of service workers: Personality trait effects on self-and supervisor performance ratings. *Journal of Marketing Research, 39*(1), 110–119. https://doi.org/10.1509/jmkr.39.1.110.18928.

Brutus, S. (2010). Words versus numbers: A theoretical exploration of giving and receiving narrative comments in performance appraisal. *Human Resource Management Review, 20*(2), 144–157. https://doi.org/10.1016/j.hrmr.2009.06.003.

Buckley, M. R., Wheeler, A. R., & Halbesleben, J. R. B. (Hrsg.). (2017). *Research in Personnel and Human Resources Management. Research in personnel and human resources management.* Emerald Publishing Limited. https://doi.org/10.1108/rphr.

Burke, S. C., Pierce, L. G., & Salas, E. (Hrsg.). (2006). Advances in human performance and cognitive engineering research. understanding adaptability: A prerequisite for effective performance within complex environments. Elsevier. https://doi.org/10.1016/S1479-3601(2006)6.

Cacioppo, J. T., Petty, R. E., Feinstein, J. A., & Jarvis, W. B. G. (1996). Dispositional differences in cognitive motivation: The life and times of individuals varying in need for cognition. *Psychological Bulletin, 119*(2), 197–253. https://doi.org/10.1037/0033-2909.119.2.197.

Campbell, D. W., & Shang, R. (2022). Tone at the bottom: Measuring corporate misconduct risk from the text of employee reviews. *Management Science, 68*(9), 7034–7053. https://doi.org/10.1287/mnsc.2021.4211.

Campion, M., FINK, A. A., Ruggeberg, B. J., Carr, L., Phillips, G. M.,& Odman, R. B. (2011). Doing competencies well: Best practices in competency modeling. *Personnel Psychology, 64*(1), 225–262. https://doi.org/10.1111/j.1744-6570.2010.01207.x.

Cangialosi, N. (2023). Fuzzy-Set Qualitative Comparative Analysis (fsQCA) in organizational psychology: Theoretical overview, research guidelines, and a step-by-step tutorial using R software. *The Spanish Journal of Psychology, 26*(e21), 1–15. https://doi.org/10.1017/SJP.2023.21.

Cao, M., & Drasgow, F. (2019). Does forcing reduce faking? A meta-analytic review of forced-choice personality measures in high-stakes situations. *Journal of Applied Psychology, 104*(11), 1347–1368. https://doi.org/10.1037/apl0000414.

Carless, S. A. (2009). Psychological testing for selection purposes: A guide to evidence-based practice for human resource professionals. *The International Journal of Human Resource Management, 20*(12), 2517–2532. https://doi.org/10.1080/09585190903363821.

Cascio, W. F., & Montealegre, R. (2016). How technology is changing work and organizations. *Annual Review of Organizational Psychology and Organizational Behavior, 3*(1), 349–375. https://doi.org/10.1146/annurev-orgpsych-041015-062352.

Catano, V. M., Darr, W., & Campbell, C. A. (2007). Performance appraisal of behavior-based competencies: A reliable and valid procedure. *Personnel Psychology, 60*(1), 201–230. https://doi.org/10.1111/j.1744-6570.2007.00070.x.

Centeno, R., Hermoso, R., & Fasli, M. (2015). On the inaccuracy of numerical ratings: Dealing with biased opinions in social networks. *Information Systems Frontiers, 17*(4), 809–825. https://doi.org/10.1007/s10796-014-9526-1.

Cerasoli, C. P., Nicklin, J. M., & Nassrelgrgawi, A. S. (2016). Performance, incentives, and needs for autonomy, competence, and relatedness: A meta-analysis. *Motivation and Emotion, 40*(6), 781–813. https://doi.org/10.1007/s11031-016-9578-2.

Chatenier, E. D., Verstegen, J. A. A. M., Biemans, H. J. A., Mulder, M., & Omta, O. S. W. F. (2010). Identification of competencies for professionals in open innovation teams. *R&D Management, 40*(3), 271–280.https://doi.org/10.1111/j.1467-9310.2010.00590.x.

Chattopadhayay, R., & Ghosh, A. K. (2012). Performance appraisal based on a forced distribution system: Its drawbacks and remedies. *International Journal of Productivity and Performance Management, 61*(8), 881–896. https://doi.org/10.1108/17410401211277138.

Chen, G., Kirkman, B. L., Kim, K., Farh, C. I. C., & Tangirala, S. (2010). When does cross-cultural motivation enhance expatriate effectiveness? A multilevel investigation of the moderating roles of subsidiary support and cultural distance. *Academy of Management Journal, 53*(5), 1110–1130. https://doi.org/10.5465/AMJ.2010.54533217.

Cheng, M.-I., Dainty, A. R., & Moore, D. R. (2005). What makes a good project manager? *Human Resource Management Journal, 15*(1), 25–37. https://doi.org/10.1111/j.1748-8583.2005.tb00138.x.

Chou, W.-J., Sibley, C. G., Liu, J. H., Lin, T.-T., & Cheng, B.-S. (2015). Paternalistic leadership profiles. *Group & Organization Management, 40*(5), 685–710. https://doi.org/10.1177/1059601115573358.

Christ, O., & Ebert, N. (2016). Predictive analytics im Human Capital Management: Status Quo und Potenziale. *HMD Praxis der Wirtschaftsinformatik, 53*(3), 298–309. https://doi.org/10.1365/s40702-015-0193-6.

Cohen, J. (1988). Statistical power analysis. *Current Directions in Psychological Science, 1*(3), 98–101. https://doi.org/10.1111/1467-8721.ep10768783.

Colquitt, J. A., Scott, B. A., & LePine, J. A. (2007). Trust, trustworthiness, and trust propensity: A meta-analytic test of their unique relationships with risk taking and job performance. *The Journal of applied psychology, 92*(4), 909–927. https://doi.org/10.1037/0021-9010.92.4.909.

Conger, J. A., & Ready, D. A. (2004). Rethinking leadership competencies. *Leader to Leader, 32*, 41–47. https://doi.org/10.1002/ltl.75.

Cooper, H. M. (2017). Research synthesis and meta-analysis: A step-by-step approach (Fifth edition). Applied social research methods series (Bd. 2). SAGE.

Cripps, B. (Hrsg.). (2017). *Psychometric testing*. Wiley. https://doi.org/10.1002/9781119183020.

D'Innocenzo, L., Mathieu, J. E., & Kukenberger, M. R. (2016). A meta-analysis of different forms of shared leadership–team performance relations. *Journal of Management, 42*(7), 1964–1991. https://doi.org/10.1177/0149206314525205.

Datta, D. K., Guthrie, J. P., & Wright, P. M. (2003). HRM and firm productivity: Does industry matter? Working Paper, Department of Human Resource Studies School of Industrial and Labor Relations. https://ecommons.cornell.edu/bitstream/handle/1813/77113/WP03_02.pdf?sequence=1 (Cornell University, New York.).

Demeré, B. W., Sedatole, K. L., & Woods, A. (2019). The role of calibration committees in subjective performance evaluation systems. *Management Science, 65*(4), 1562–1585. https://doi.org/10.1287/mnsc.2017.3025.

Deming, D. J. (2017). The growing importance of social skills in the labor market. *The Quarterly Journal of Economics, 132*(4), 1593–1640. https://doi.org/10.1093/qje/qjx022.

Devine, D. J., & Philips, J. L. (2001). Do smarter teams do better: A meta-analysis of cognitive ability and team performance. *Small Group Research, 32*(5), 507–532. https://doi.org/10.1177/104649640103200501.

Díaz-Fernández, C. M., González-Rodríguez, R. M., & Simonetti, B. (2020). Top management team diversity and high performance: An integrative approach based on upper echelons and complexity theory. *European Management Journal, 38*(1), 157–168. https://doi.org/10.1016/j.emj.2019.06.006.

Doblinger, M. (2022). Individual competencies for self-managing team performance: A systematic literature review. *Small Group Research, 53*(1), 128–180. https://doi.org/10.1177/10464964211041114.

de Dreu, C. K., & West, M. A. (2001). Minority dissent and team innovation: The importance of participation in decision making. *The Journal of applied psychology, 86*(6), 1191–1201. https://doi.org/10.1037/0021-9010.86.6.1191.

de Dreu, C. K. W. (2006). When too little or too much hurts: Evidence for a curvilinear relationship between task conflict and innovation in teams. *Journal of Management, 32*(1), 83–107. https://doi.org/10.1177/0149206305277795.

de Dreu, C. K. W., Nijstad, B. A., & van Knippenberg, D. (2008). Motivated information processing in group judgment and decision making. *Personality and social psychology review: An official journal of the Society for Personality and Social Psychology, Inc, 12*(1), 22–49. https://doi.org/10.1177/1088868307304092.

de Jong, B. A., Dirks, K. T., & Gillespie, N. (2016). Trust and team performance: A meta-analysis of main effects, moderators, and covariates. *Journal of Applied Psychology, 101*(8), 1134–1150. https://doi.org/10.1037/apl0000110.

de Wit, F. R. C., Greer, L. L., & Jehn, K. A. (2012). The paradox of intragroup conflict: A meta-analysis. *Journal of Applied Psychology, 97*(2), 360–390. https://doi.org/10.1037/a0024844.

Driskell, J. E., Salas, E., & Hughes, S. (2010). Collective orientation and team performance: Development of an individual differences measure. *Human factors, 52*(2), 316–328. https://doi.org/10.1177/0018720809359522.

Duckworth, A. L., & Quinn, P. D. (2009). Development and validation of the short grit scale (grit-s). *Journal of personality assessment, 91*(2), 166–174. https://doi.org/10.1080/00223890802634290.

Dusa, A. *QCA: Qualitative Comparative Analysis. R-Paketversion 3.21.* https://cran.r-project.org/web/packages/QCA/index.html.

Ekvall, G., & Arvonen, J. (1994). Leadership profiles, situation and effectiveness. *Creativity and Innovation Management, 3*(3), 139–161. https://doi.org/10.1111/j.1467-8691.1994.tb00168.x.

Elias, J., & Scarbrough, H. (2004). Evaluating human capital: An exploratory study of management practice. *Human Resource Management Journal, 14*(4), 21–40. https://doi.org/10.1111/j.1748-8583.2004.tb00131.x.

Erpenbeck, J., Grote, S., & Sauter, W. (2017). Einführung. In J. Erpenbeck, L. Rosenstiel, S. Grote, & W. Sauter (Hrsg.), Handbuch Kompetenzmessung: Erkennen, verstehen und bewerten von Kompetenzen in der betrieblichen, pädagogischen und psychologischen Praxis (3. Aufl., S. IX–XXXVIII). Schäffer-Poeschel.

Erpenbeck, J., Rosenstiel, L., Grote, S., & Sauter, W. (Hrsg.). (2017). Handbuch Kompetenzmessung: Erkennen, verstehen und bewerten von Kompetenzen in der betrieblichen, pädagogischen und psychologischen Praxis (3. Aufl.). Schäffer-Poeschel. https://www.wiso-net.de/document/SPEB,ASPE,VSPE__9783791035123734 https://doi.org/10.34156/9783791035123.

Erpenbeck, J. & v. Rosenstiel, L. (2011). Einführung. In J. Erpenbeck & v. L. Rosenstiel (Hrsg.), Handbuch Kompetenzmessung: Erkennen, verstehen und bewerten von Kompetenzen in der betrieblichen, pädagogischen und psychologischen Praxis (2. überarbeitete und erweitere Aufl., S. XVII–XLVI). Schäffer-Poeschel.

Erpenbeck, J., & v. Rosenstiel, L. (Hrsg.). (2011). Handbuch Kompetenzmessung: Erkennen, verstehen und bewerten von Kompetenzen in der betrieblichen, pädagogischen und psychologischen Praxis (2. überarbeitete und erweitere Aufl.). Schäffer-Poeschel.

Erpenbeck, J., & v. Rosenstiel, L. (2011). Vorbemerkung. In J. Erpenbeck & v. L. Rosenstiel (Hrsg.), Handbuch Kompetenzmessung: Erkennen, verstehen und bewerten von Kompetenzen in der betrieblichen, pädagogischen und psychologischen Praxis (2. überarbeitete und erweitere Aufl., S. XI–XV). Schäffer-Poeschel.

Erpenbeck, J., v. Rosenstiel, L., & Grote, S. (2013). Einleitung. In J. Erpenbeck, v. L. Rosenstiel, & S. Grote (Hrsg.), *Kompetenzmodelle von Unternehmen: Mit praktischen Hinweisen für ein erfolgreiches Management von Kompetenzen* (S. 1–31). Haufe Lexware.

Erpenbeck, J., v. Rosenstiel, L., & Grote, S. (Hrsg.). (2013). *Kompetenzmodelle von Unternehmen: Mit praktischen Hinweisen für ein erfolgreiches Management von Kompetenzen.* Haufe Lexware. https://content-select.com/index.php?id=bib&ean=9783799267038.

Erpenbeck, J., & Sauter, W. (2015). *Wissen, Werte und Kompetenzen in der Mitarbeiterentwicklung*. Springer Fachmedien. https://doi.org/10.1007/978-3-658-09954-1.

Farh, J.-L., Lee, C., & Farh, C. I. C. (2010). Task conflict and team creativity: A question of how much and when. *Journal of Applied Psychology, 95*(6), 1173–1180. https://doi.org/10.1037/a0020015.

Ferris, G. R., Treadway, D. C., Kolodinsky, R. W., Hochwarter, W. A., Kacmar, C. J., Douglas, C., & Frink, D. D. (2005). Development and validation of the political skill inventory. *Journal of Management, 31*(1), 126–152. https://doi.org/10.1177/0149206304271386.

Fiss, P. C. (2011). Building better causal theories: A fuzzy set approach to typologies in organization research. *Academy of Management Journal, 54*(2), 393–420. https://doi.org/10.5465/amj.2011.60263120.

Fiss, P. C., Marx, A., & Cambré, B. (Hrsg.). (2013). *Research in the sociology of organizations: Bd. 38. Configurational theory and methods in organizational research* (1. Aufl.). Emerald. https://doi.org/10.1108/S0733-558X(2013)0000038005.

Fiss, P. C., Marx, A., & Cambré, B. (2013). *Configurational theory and methods in organizational research* (1. Aufl., Bd. 38). Emerald. https://ebookcentral.proquest.com/lib/kxp/detail.action?docID=1190650 https://doi.org/10.1108/S0733-558X(2013)0000038005.

Fletcher, C. (2001). Performance appraisal and management: The developing research agenda. *Journal of Occupational and Organizational Psychology, 74*(4), 473–487. https://doi.org/10.1348/096317901167488.

Foti, R. J., Bray, B. C., Thompson, N. J., & Allgood, S. F. (2012). Know thy self, know thy leader: Contributions of a pattern-oriented approach to examining leader perceptions. *The Leadership Quarterly, 23*(4), 702–717. https://doi.org/10.1016/j.leaqua.2012.03.007.

Frazier, M. L., Johnson, P. D., & Fainshmidt, S. (2013). Development and validation of a propensity to trust scale. *Journal of Trust Research, 3*(2), 76–97. https://doi.org/10.1080/21515581.2013.820026.

Furnham, A. (2008a). HR professionals' beliefs about, and knowledge of, assessment techniques and psychometric tests. *International Journal of Selection and Assessment, 16*(3), 300–305. https://doi.org/10.1111/j.1468-2389.2008.00436.x.

Furnham, A. (2008b). Psychometric correlates of FIRO-B scores: Locating the FIRO-B scores in personality factor space. *International Journal of Selection and Assessment, 16*(1), 30–45. https://doi.org/10.1111/j.1468-2389.2008.00407.x.

Furnham, A., Crump, J., & Chamorro-Premuzic, T. (2007a). Managerial level, personality and intelligence. *Journal of Managerial Psychology, 22*(8), 805–818. https://doi.org/10.1108/02683940710837732.

Furnham, A., Dissou, G., Sloan, P., & Chamorro-Premuzic, T. (2007b). Personality and intelligence in business people: A study of two personality and two intelligence measures. *Journal of Business and Psychology, 22*(1), 99–109. https://doi.org/10.1007/s10869-007-9051-z.

Furnham, A., Race, M.-C., & Rosen, A. (2014). Emotional intelligence and the Occupational Personality Questionnaire (OPQ). *Frontiers in Psychology, 5*, 935. https://doi.org/10.3389/fpsyg.2014.00935.

Furnham, A., Steele, H., & Pendleton, D. (1993). A psychometric assessment of the Belbin team-role self-perception inventory. *Journal of Occupational and Organizational Psychology, 66*(3), 245–257. https://doi.org/10.1111/j.2044-8325.1993.tb00535.x.

Gabriel, A. S., Campbell, J. T., Djurdjevic, E., Johnson, R. E., & Rosen, C. C. (2018). Fuzzy Profiles: Comparing and contrasting latent profile analysis and fuzzy set qualitative comparative analysis for person-centerd research. *Organizational Research Methods, 21*(4), 877–904. https://doi.org/10.1177/1094428117752466.

Ganu, G., Kakodkar, Y., & Marian, A. (2013). Improving the quality of predictions using textual information in online user reviews. *Information Systems, 38*(1), 1–15. https://doi.org/10.1016/j.is.2012.03.001.

George, J. M., & Zhou, J. (2001). When openness to experience and conscientiousness are related to creative behavior: An interactional approach. *The Journal of applied psychology, 86*(3), 513–524. https://doi.org/10.1037/0021-9010.86.3.513.

Gilley, J. W., & Gilley, A. M. (2000). Organizational learning, performance and change (Da Capo Press).

Gillipsie, T., Rose, D. S., & Robinson, G. N. (2006). Narrative comments in 360 degree feedback: Who says what. *21st Annual Conference of the Society for Industrial and Organizational Psychology, Dallas, TX*.

Ginsburg, S., Regehr, G., Lingard, L., & Eva, K. W. (2015). Reading between the lines: Faculty interpretations of narrative evaluation comments. *Medical education, 49*(3), 296–306. https://doi.org/10.1111/medu.12637.

Goertz, G. (2020). *Social science concepts and measurement (New and completely revised edition)*. Princeton University Press.

Good, D., & Michel, E. J. (2013). Individual ambidexterity: Exploring and exploiting in dynamic contexts. *The Journal of psychology, 147*(5), 435–453. https://doi.org/10.1080/00223980.2012.710663.

Griffeth, R. W. (2001). *Retaining valued employees. Advanced topics in organizational behavior*. SAGE Publications. http://www.loc.gov/catdir/enhancements/fy0656/00011617-d.html.

Gupta, A. K., Smith, K. G., & Shalley, C. E. (2006). The interplay between exploration and exploitation. *Academy of Management Journal, 49*(4), 693–706. https://doi.org/10.5465/amj.2006.22083026.

Guralnik, O., Rozmarin, E., & So, A. (2004). Forced distribution: Is it right for you? *Human Resource Development Quarterly, 15*(3), 339–345. https://doi.org/10.1002/hrdq.1107.

Hanson, J. L., Rosenberg, A. A., & Lane, J. L. (2013). Narrative descriptions should replace grades and numerical ratings for clinical performance in medical education in the United States. *Frontiers in Psychology, 4*, 668. https://doi.org/10.3389/fpsyg.2013.00668.

Harari, M. B., Williams, E. A., Castro, S. L., & Brant, K. K. (2021). Self-leadership: A meta-analysis of over two decades of research. *Journal of Occupational and Organizational Psychology, 94*(4), 890–923. https://doi.org/10.1111/joop.12365.

Hassan, K. E., & Madhum, G. (2007). Validating the Watson Glaser critical thinking appraisal. *Higher Education, 54*(3), 361–383. https://doi.org/10.1007/s10734-006-9002-z.

Hausknecht, J. P., Day, D. V., & Thomas, S. C. (2004). Applicant reactions to selection procedures: An updated model and meta-analysis. *Personnel Psychology, 57*(3), 639–683. https://doi.org/10.1111/j.1744-6570.2004.00003.x.

Heinsman, H., Hoogh, A. H. de, Koopman, P. L., & van Muijen, J. J. (2006). Competency management: Balancing between commitment and control. *management revu, 17*(3), 292–306. https://doi.org/10.5771/0935-9915-2006-3-292.

Heinsman, H., de Hoogh, A. H., Koopman, P. L., & van Muijen, J. J. (2008). Commitment, control, and the use of competency management. *Personnel Review, 37*(6), 609–628. https://doi.org/10.1108/00483480810906865.

Heyse, V., Erpenbeck, J., Coester, S., Ortmann, S., & Sauter, W. (2019). Kompetenzmanagement mit System: Theorie und Anwendung der international bewährten KODE®-Verfahren. Kompetenzmanagement in der Praxis: Band 13. Waxmann. https://elibrary.utb.de/doi/book/10.31244/9783830989721.

Hickman, L., Saef, R., Ng, V., Woo, S. E., Tay, L., & Bosch, N. (2021). Developing and evaluating language-based machine learning algorithms for inferring applicant personality in video interviews. *Human Resource Management Journal*, Artikel 1748–8583.12356. Vorab-Onlinepublikation. https://doi.org/10.1111/1748-8583.12356.

Hoffmann, C. C., Nathan, B. R., & Holden, L. M. (1991). A comparison of validation criteria: Objective versus subjective performance measures and self- versus supervisor ratings. *Personnel Psychology, 44*(3), 601–618. https://doi.org/10.1111/j.1744-6570.1991.tb02405.x.

Höft, S., Goerke, P., & Stumpf, S. (Hrsg.). (2014). Wirtschaftspsychologie: Kompetenzmanagement-Ansätze in der beruflichen Eignungsdiagnostik (Bd. 1). Lengerich.

Hollenbeck, J. R., DeRue, S. D., & Guzzo, R. (2004). Bridging the gap between I/O research and HR practice: Improving team composition, team training, and team task design. *Human Resource Management, 43*(4), 353–366. https://doi.org/10.1002/hrm.20029.

Holtz, K., Orengo Castella, V., Zornoza Abad, A., & González-Anta, B. (2020). Virtual team functioning: Modeling the affective and cognitive effects of an emotional management intervention. *Group Dynamics: Theory, Research, and Practice, 24*(3), 153–167. https://doi.org/10.1037/gdn0000141.

Houghton, J. D., Dawley, D., & DiLiello, T. C. (2012). The abbriviated self-leadership questionnaire (ASLQ): A more concise measure of self-leadership. In *The international journal of leadership studies.*

Howard, M. C., & Cogswell, J. E. (2023). A meta-analysis of polychronicity: Applying modern perspectives of multitasking and person-environment fit. *Organizational Psychology Review, 13*(3), 315–347. https://doi.org/10.1177/20413866221143370.

Hulin, C. (2001). Applied psychology and science: Differences between research and practice. *Applied Psychology: An International Review, 50,* 225–234.

Hülsheger, U. R., Anderson, N., & Salgado, J. F. (2009). Team-level predictors of innovation at work: A comprehensive meta-analysis spanning three decades of research. *The Journal of applied psychology, 94*(5), 1128–1145. https://doi.org/10.1037/a0015978.

IEEE Computer Society (Hrsg.). (2008). Proceedings of the 41st annual Hawaii International Conference on System Cciences (HICSS 2008). IEEE.

Iqbal, M. Z., Akbar, S., & Budhwar, P. (2015). Effectiveness of performance appraisal: An integrated framework. *International Journal of Management Reviews, 17*(4), 510–533. https://doi.org/10.1111/ijmr.12050.

Iqbal, Q., & Ahmad, N. H. (2020). Workplace spirituality and nepotism-favouritism in selected ASEAN countries: The role of gender as moderator. *Journal of Asia Business Studies, 14*(1), 31–49. https://doi.org/10.1108/JABS-01-2018-0019.

Iseke, A., Kocks, B., Schneider, M. R., & Schulze-Bentrop, C. (2015). Cross-cutting organizational and demographic divides and the performance of research and development teams: Two wrongs can make a right. *R&D Management, 45*(1), 23–40. https://doi.org/10.1111/radm.12049.

Jackson, C. L., Colquitt, J. A., Wesson, M. J., & Zapata-Phelan, C. P. (2006). Psychological collectivism: A measurement validation and linkage to group member performance. *The Journal of applied psychology, 91*(4), 884–899. https://doi.org/10.1037/0021-9010.91.4.884.

Jaramillo, F., Ladik, D. M., Marshall, G. W., & Mulki, J. P. (2007). A meta-analysis of the relationship between sales orientation-customer orientation (SOCO) and salesperson job performance. *Journal of Business & Industrial Marketing, 22*(5), 302–310. https://doi.org/10.1108/08858620710773431.

Jehn, K. A., & Mannix, E. A. (2001). The dynamic nature of conflict: A longitudinal study of intragroup conflict and group performance. *Academy of Management Journal, 44*(2), 238–251. https://doi.org/10.2307/3069453.

Jehn, K. A. (1995). A multimethod examination of the benefits and detriments of intragroup conflict. *Administrative Science Quarterly, 40*(2), 256. https://doi.org/10.2307/2393638.

Jelovsek, J. E. (2015). Value in workplace-based assessment rater training: Psychometrics or edumetrics? *Medical education, 49*(7), 650–652. https://doi.org/10.1111/medu.12763.

Jenkins, A. (2001). Companies' use of psychometric testing and the changing demand for skills: A review of the literature. Discussion paper series (Centre for the Economics of Education): No. 12. Centre for the Economics of Education.

Jordan, S. L., Ferris, G. R., Hochwarter, W. A., & Wright, T. A. (2019). Toward a work motivation conceptualization of grit in organizations. *Group & Organization Management, 44*(2), 320–360. https://doi.org/10.1177/1059601119834093.

Judge, T. A., Bono, J. E., Ilies, R., & Gerhardt, M. W. (2002). Personality and leadership: A qualitative and quantitative review. *The Journal of applied psychology, 87*(4), 765–780. https://doi.org/10.1037/0021-9010.87.4.765.

Kauffeld, S. (2006). Self-directed work groups and team competence. *Journal of Occupational and Organizational Psychology, 79*(1), 1–21. https://doi.org/10.1348/096317905X53237.

Kauffeld, S. (2011). *Kompetenzen messen, bewerten, entwickeln* (N.F.,128). Schäffer-Poeschel. https://ebookcentral.proquest.com/lib/kxp/detail.action?docID=670395.

Kauffeld, S., & Paulsen, H. F. K. (2018). *Kompetenzmanagement in Unternehmen.* Kohlhammer. http://nbn-resolving.org/urn:nbn:de:bsz:24-epflicht-1281195.

Kearney, E., Gebert, D., & Voelpel, S. C. (2009). When and how diversity benefits teams: The importance of team members' need for cognition. *Academy of Management Journal, 52*(3), 581–598. https://doi.org/10.5465/amj.2009.41331431.

Kellogg, R. T. (2007). Are written and spoken recall of text equivalent? *The American Journal of Psychology, 120*(3), 415–428. https://doi.org/10.2307/20445412.

Ketchen, D. J. (2013). Chapter 13 We try harder: Some reflections on configurational theory and methods. In P. C. Fiss, A. Marx, & B. Cambré (Hrsg.), *Research in the sociology of organizations: Bd. 38. Configurational theory and methods in organizational research* (1. Aufl., Bd. 38, S. 303–309). Emerald. https://doi.org/10.1108/S0733-558X(2013)0000038017.

Keyton, J., Caputo, J. M., Ford, E. A., Fu, R., Leibowitz, S. A., Liu, T., Polasik, S. S., Ghosh, P., & Wu, C. (2013). Investigating verbal workplace communication behaviors. *International Journal of Business Communication, 50*(2), 152–169. https://doi.org/10.1177/0021943612474990.

Kickul, J., & Gundry, L. (2002). Prospecting for strategic advantage: The proactive entrepreneurial personality and small firm innovation. *Journal of Small Business Management, 40*(2), 85–97. https://doi.org/10.1111/1540-627X.00042.

Kilcullen, M., Bisbey, T. M., Rosen, M., & Salas, E. (2023). Does team orientation matter? A state-of-the-science review, meta-analysis, and multilevel framework. *Journal of Organizational Behavior, 44*(2), 355–375. https://doi.org/10.1002/job.2622.

Klehe, U.-C. (2004). Choosing how to choose: Institutional pressures affecting the adoption of personnel selection procedures. *International Journal of Selection and Assessment, 12*(4), 327–342. https://doi.org/10.1111/j.0965-075x.2004.00288.x.

Klein, K. J., & Kozlowski, S. W. J. (2000). From micro to meso: Critical steps in conceptualizing and conducting multilevel research. *Organizational Research Methods, 3*(3), 211–236. https://doi.org/10.1177/109442810033001.

Klieme, E., & Hartig, J. (2008). Kompetenzkonzepte in den Sozialwissenschaften und im erziehungswissenschaftlichen Diskurs. In M. Prenzel, I. Gogolin, & H.-H. Krüger (Hrsg.), *Kompetenzdiagnostik* (S. 11–29). VS Verlag. https://doi.org/10.1007/978-3-531-90865-6_2.

Kobarg, S., Wollersheim, J., Welpe, I. M., & Spörrle, M. (2017). Individual ambidexterity and performance in the public sector: A multilevel analysis. *International Public Management Journal, 20*(2), 226–260. https://doi.org/10.1080/10967494.2015.1129379.

Konig, C. J., Buhner, M., & Murling, G. (2005). Working memory, fluid intelligence, and attention are predictors of multitasking performance, but polychronicity and extraversion are not. *Human Performance, 18*(3), 243–266. https://doi.org/10.1207/s15327043hup1803_3.

Kozlowski, S. W. J. (Hrsg.). (2012). *The oxford handbook of organizational psychology.* (Bd. 2). Oxford University Press. https://doi.org/10.1093/oxfordhb/9780199928286.001.0001.

Kraus, R., & Kreitenweis, T. (2020). Führung Messen. *Springer*. https://doi.org/10.1007/978-3-662-60518-9.

Kruglanski, A. W., Webster, D. M., & Klem, A. (1993). Motivated resistance and openness to persuasion in the presence or absence of prior information. *Journal of personality and social psychology, 65*(5), 861–876. https://doi.org/10.1037/0022-3514.65.5.861.

Krumm, S., Kanthak, J., Hartmann, K., & Hertel, G. (2016). What does it take to be a virtual team player? The knowledge, skills, abilities, and other characteristics required in virtual teams. *Human Performance, 29*(2), 123–142. https://doi.org/10.1080/08959285.2016.1154061.

Krumm, S., Mertin, I., & Dries, C. (2012). *Kompetenzmodelle. Praxis der Personalpsychologie: Bd. 27*. Hogrefe. http://sub-hh.ciando.com/book/?bok_id=471885.

Kurz, R., & Bartram, D. (2002). Competency and individual performance: Modeling the world of work. In I. Robertson, M. Callinan, & D. Bartram (Hrsg.), *Organizational effectiveness. The role of psychology.* (S. 227–258). Wiley.

Kuvaas, B. (2006). Performance appraisal satisfaction and employee outcomes: Mediating and moderating roles of work motivation. *The International Journal of Human Resource Management, 17*(3), 504–522. https://doi.org/10.1080/09585190500521581.

Lambert, L. S., & Newman, D. A. (2023). Construct development and validation in three practical steps: Recommendations for reviewers, editors, and authors. *Organizational Research Methods, 26*(4), 574–607. https://doi.org/10.1177/10944281221115374.

Landauer, T. K. (Hrsg.). (2011). *Handbook of latent semantic analysis*. Lawrence Erlbaum Associates. http://bvbr.bib-bvb.de:8991/F?func=service&doc_library=BVB01&doc_number=016166111&line_number=0002&func_code=DB_RECORDS&service_type=MEDIA.

Landauer, T. K., McNamara, D. S., Dennis, S., & Kintsch, W. (Hrsg.). (2011). *Handbook of latent semantic analysis.* Lawrence Erlbaum Associates. https://doi.org/10.4324/9780203936399.

Lang-von Wins, T. (2011). Die Kompetenzhaltigkeit von Methoden moderner psychologischer Diagnostik-, Personalauswahl- und Arbeitsanalyseverfahren sowie aktueller Management-Diagnostik-Ansätze. In J. Erpenbeck & L. v. Rosenstiel (Hrsg.), *Handbuch Kompetenzmessung: Erkennen, verstehen und bewerten von Kompetenzen in der betrieblichen, pädagogischen und psychologischen Praxis* (2. überarbeitete und erweitere Aufl., S. 758–791). Schäffer-Poeschel.

Larsen, K. R., Nevo, D., & Rich, E. (2008). Exploring the semantic validity of questionnaire scales. In IEEE Computer Society (Hrsg.), *Proceedings of the 41st annual Hawaii International Conference on System Cciences (HICSS 2008)* (S. 440). IEEE. https://doi.org/10.1109/HICSS.2008.165.

Lasisi, T. T., Constanţa, E., & Eluwole, K. K. (2022). Workplace favoritism and workforce sustainability: An analysis of employees' well-being. *Sustainability, 14*(22), 14991. https://doi.org/10.3390/su142214991.

Latham, G. (2001). The reciprocal transfer of learning from journals to practice. *Applied Psychology, 50*(2), 201–211. https://doi.org/10.1111/1464-0597.00054.

Le, H., Oh, I.-S., Shaffer, J., & Schmidt, F. (2007). Implications of methodological advances for the practice of personnel selection: How practitioners benefit from meta-analysis. *Academy of Management Perspectives, 21*(3), 6–15. https://doi.org/10.5465/amp.2007.26421233.

Le Deist, F. D., & Winterton, J. (2005). What is competence? *Human Resource Development International, 8*(1), 27–46. https://doi.org/10.1080/1367886042000338227.

LePine, J. A., Hollenbeck, J. R., Ilgen, D. R., & Hedlund, J. (1997). Effects of individual differences on the performance of hierarchical decision-making teams: Much more than g. *The Journal of applied psychology, 82*(5), 803–811. https://doi.org/10.1037/0021-9010.82.5.803.

Levy, P. E., Tseng, S. T., Rosen, C. C., & Lueke, S. B. (2017). Performance management: A marriage between practice and science – Just say „I do". In M. R. Buckley, A. R. Wheeler, & J. R. B. Halbesleben (Hrsg.), *Research in Personnel and Human Resources Management. Research in personnel and human resources management* (Bd. 35, S. 155–213). Emerald Publishing Limited. https://doi.org/10.1108/S0742-730120170000035005.

Liebenow, D., Haase, C., v. Bernstorff, C., & Nachtwei, J. (2014). Bestehen im War for Talent: Methodische Qualität des Kompetenzmodells als Überlebensstrategie. In S. Höft, P. Goerke, & S. Stumpf (Hrsg.), *Wirtschaftspsychologie: Kompetenzmanagement-Ansätze in der beruflichen Eignungsdiagnostik* (S. 25–38). Lengerich.

Liebenow, D., Uedelhoven, S., Stricker, M., & Nachtwei, J. (2020). Qualität im Kompetenzmanagement. *Zeitschrift für Arbeits- und Organisationspsychologie A&O, 64*(2), 120–148. https://doi.org/10.1026/0932-4089/a000324.

Lindner-Lohmann, D., Lohmann, F., & Schirmer, U. (2023). Personalmanagement. *Springer*. https://doi.org/10.1007/978-3-662-65732-4.

Longmire, N. H., & Harrison, D. A. (2018). Seeing their side versus feeling their pain: Differential consequences of perspective-taking and empathy at work. *Journal of Applied Psychology, 103*(8), 894–915. https://doi.org/10.1037/apl0000307.

Lvina, E., Johns, G., & Vandenberghe, C. (2018). Team political skill composition as a determinant of team cohesiveness and performance. *Journal of Management, 44*(3), 1001–1028. https://doi.org/10.1177/0149206315598371.

Macchi Silva, V. V., & Ribeiro, J. L. D. (2021). A discussion on using quantitative or qualitative data for assessment of individual competencies. *Personnel Review, 50*(6), 1460–1478. https://doi.org/10.1108/PR-08-2019-0444.

Magpili, N. C., & Pazos, P. (2018). Self-Managing team performance: A systematic review of multilevel input factors. *Small Group Research, 49*(1), 3–33. https://doi.org/10.1177/1046496417710500.

Malik, M., & Orr, S. (2022). A configurational examination of agile development as a sociotechnical system. *Industrial Marketing Management, 104,* 325–339. https://doi.org/10.1016/j.indmarman.2022.05.003.

Markowitz, D. M. (2023). Analytic thinking as revealed by function words: What does language really measure? *Applied Cognitive Psychology, 37*(3), 643–650. https://doi.org/10.1002/acp.4057.

Marler, J. H., & Boudreau, J. W. (2017). An evidence-based review of HR analytics. *The International Journal of Human Resource Management, 28*(1), 3–26. https://doi.org/10.1080/09585192.2016.1244699.

Marlow, S. L., Lacerenza, C. N., Paoletti, J., Burke, C. S., & Salas, E. (2018). Does team communication represent a one-size-fits-all approach? A meta-analysis of team communication and performance. *Organizational Behavior and Human Decision Processes, 144,* 145–170. https://doi.org/10.1016/j.obhdp.2017.08.001.

Mathieu, J., Maynard, M. T., Rapp, T., & Gilson, L. (2008). Team effectiveness 1997–2007: A review of recent advancements and a glimpse into the future. *Journal of Management, 34*(3), 410–476. https://doi.org/10.1177/0149206308316061.

Mathieu, J. E., Gallagher, P. T., Domingo, M. A., & Klock, E. A. (2019). Embracing complexity: Reviewing the past decade of team effectiveness research. *Annual Review of Organizational Psychology and Organizational Behavior, 6*(1), 17–46. https://doi.org/10.1146/annurev-orgpsych-012218-015106.

Mathieu, J. E., & Gilson, L. L. (2012). Criteria issues and team effectiveness. In S. W. J. Kozlowski (Hrsg.), *The oxford handbook of organizational psychology.* (Bd. 2, S. 910–930). Oxford University Press. https://doi.org/10.1093/oxfordhb/9780199928286.013.0027.

Mathieu, J. E., Hollenbeck, J. R., van Knippenberg, D., & Ilgen, D. R. (2017). A century of work teams in the Journal of Applied Psychology. *Journal of Applied Psychology, 102*(3), 452–467. https://doi.org/10.1037/apl0000128.

Mathieu, J. E., Tannenbaum, S. I., Donsbach, J. S., & Alliger, G. M. (2014). A review and integration of team composition models. *Journal of Management, 40*(1), 130–160. https://doi.org/10.1177/0149206313503014.

McAuley, J., & Leskovec, J. (2013). Hidden factors and hidden topics. In Q. Yang, I. King, Q. Li, P. Pu, & G. Karypis (Hrsg.), *Proceedings of the 7th ACM conference on Recommender systems* (S. 165–172). ACM. https://doi.org/10.1145/2507157.2507163.

McNamara, D., Kintsch, W., Dennis, S., & Landauer, T. (2011). Preface. In T. K. Landauer, D. S. McNamara, S. Dennis, & W. Kintsch (Hrsg.), *Handbook of latent semantic analysis* (S. IX–XII). Lawrence Erlbaum Associates.

Meneghel, I., Martínez, I. M., & Salanova, M. (2016). Job-related antecedents of team resilience and improved team performance. *Personnel Review, 45*(3), 505–522. https://doi.org/10.1108/PR-04-2014-0094.

Meyer, A. D., Tsui, A. S., & Hinings, R. C. (1993). Configurational approaches to organizational analysis. *Academy of Management Journal, 36*(6), 1175–1195. https://doi.org/10.5465/256809.

Michael, J. (2003). Using the Myers-Briggs type indicator as a tool for leadership development? Apply with caution. *Journal of Leadership & Organizational Studies, 10*(1), 68–81. https://doi.org/10.1177/107179190301000106.

Misangyi, V. F., Greckhamer, T., Furnari, S., Fiss, P. C., Crilly, D., & Aguilera, R. (2017). Embracing causal complexity. *Journal of Management, 43*(1), 255–282. https://doi.org/10.1177/0149206316679252.

Mohammed, S., & Nadkarni, S. (2014). Are we all on the same temporal page? The moderating effects of temporal team cognition on the polychronicity diversity–team performance relationship. *Journal of Applied Psychology, 99*(3), 404–422. https://doi.org/10.1037/a0035640.

Morgeson, F. P., Campion, M. A., Dipboye, R. L., Hollenbeck, J. R., Murphy, K., & Schmitt, N. (2007). Reconsidering the use of personality tests in personnel selection contexts. *Personnel Psychology, 60*(3), 683–729. https://doi.org/10.1111/j.1744-6570.2007.00089.x.

Morrissette, A. M., & Kisamore, J. L. (2020). Trust and performance in business teams: A meta-analysis. *Team Performance Management: An International Journal, 26*(5/6), 287–300. https://doi.org/10.1108/TPM-02-2020-0012.

Moutafi, J., Furnham, A., & Crump, J. (2003). Demographic and personality predictors of intelligence: A study using the Neo Personality Inventory and the Myers-Briggs type indicator. *European Journal of Personality, 17*(1), 79–94. https://doi.org/10.1002/per.471.

Muchinsky, P. M. (2004). When the psychometrics of test development meets organizational realities: A conceptual framework for organizational change, examples, and recommendations. *Personnel Psychology, 57*(1), 175–209. https://doi.org/10.1111/j.1744-6570.2004.tb02488.x.

Mumford, T. V., Campion, M. A., & Morgeson, F. P. (2007). The leadership skills strataplex: Leadership skill requirements across organizational levels. *The Leadership Quarterly, 18*(2), 154–166. https://doi.org/10.1016/j.leaqua.2007.01.005.

Mumford, T. V., van Iddekinge, C. H., Morgeson, F. P., & Campion, M. A. (2008). The team role test: Development and validation of a team role knowledge situational judgment test. *The Journal of applied psychology, 93*(2), 250–267.https://doi.org/10.1037/0021-9010.93.2.250.

Munyon, T. P., Summers, J. K., Thompson, K. M., & Ferris, G. R. (2015). Political skill and work outcomes: A theoretical extension, meta-analytic investigation, and agenda for the future. *Personnel Psychology, 68*(1), 143–184. https://doi.org/10.1111/peps.12066.

Murphy, K. R., Jako, R. A., & Anhalt, R. L. (1993). Nature and consequences of halo error: A critical analysis. *The Journal of applied psychology, 78*(2), 218–225. https://doi.org/10.1037/0021-9010.78.2.218.

Nguyen, T. N., Truong, Q., & Buyens, D. (2010). The relationship between training and firm performance: A literature review: Research and Practice in Human Resource Management. *Research & Practice in Human Resource Management, 18*(1), 36–45.

North, K., Reinhardt, K., & Sieber-Suter, B. (2018). *Kompetenzmanagement in der Praxis* (3. Aufl.). Springer.https://doi.org/10.1007/978-3-658-16872-8.

Oana, I.-E., Schneider, C. Q., & Thomann, E. (2021). *Qualitative comparative analysis using R.* Cambridge University Press.

Offermann, L. R., Bailey, J. R., Vasilopoulos, N. L., Seal, C., & Sass, M. (2004). The relative contribution of emotional competence and cognitive ability to individual and team performance. *Human Performance, 17*(2), 219–243. https://doi.org/10.1207/s15327043hup1702_5.

Offermann, L. R., & Spiros, R. K. (2001). The science and practice of team development: Improving the link. *Academy of Management Journal, 44*(2), 376–392. https://doi.org/10.5465/3069462.

Olsen, J. M., & Zanna, M. P. (Hrsg.). (2015). *Advances in Experimental Social Psychology: Bd. 52. Advances in experimental social psychology.* Elsevier.

Paul, A. M. (2004). *The cult of personality: How personality tests are leading us to mislabel our children, mismanage our companies, and misunderstand ourselves.* Free Press.

Paulus, C. (2009). Der Saarbrücker Persönlichkeitsfragebogen SPF (IRI) zur Messung von Empathie: Universtiät des Saarlands. http://psydok.sulb.uni-saarland.de/volltexte/2009/2363/.

Payne, S. C., Youngcourt, S. S., & Beaubien, J. M. (2007). A meta-analytic examination of the goal orientation nomological net. *The Journal of applied psychology, 92*(1), 128–150. https://doi.org/10.1037/0021-9010.92.1.128.

Peeters, T., van de Voorde, K., & Paauwe, J. (2022). The effects of working agile on team performance and engagement. *Team Performance Management: An International Journal, 28*(1/2), 61–78. https://doi.org/10.1108/TPM-07-2021-0049.

Pham, T.-D.T., & Lo, F.-Y. (2023). How does top management team diversity influence firm performance? A causal complexity analysis. *Technological Forecasting and Social Change, 186,* 122162. https://doi.org/10.1016/j.techfore.2022.122162.

Pierro, A., Sheveland, A., Livi, S., & Kruglanski, A. W. (2015). Person-group fit on the need for cognitive closure as a predictor of job performance, and the mediating role of group identification. *Group Dynamics: Theory, Research, and Practice, 19*(2), 77–90. https://doi.org/10.1037/gdn0000022.

Ployhart, R. E., Nyberg, A. J., Reilly, G., & Maltarich, M. A. (2014). Human capital Is dead; Long live human capital resources! *Journal of Management, 40*(2), 371–398. https://doi.org/10.1177/0149206313512152.

Ployhart, R., & Bliese, P. (2006). Individual adaptability (I-ADAPT) theory: Conceptualizing the antecedents, consequences, and measurement of individual differences in adaptability. In S. C. Burke, L. G. Pierce, & E. Salas (Hrsg.), *Advances in Human Performance and Cognitive Engineering Research. Understanding adaptability: A prerequisite for effective performance within complex environments* (Bd. 6, S. 3–39). Elsevier. https://doi.org/10.1016/S1479-3601(05)06001-7.

Poposki, E. M., & Oswald, F. L. (2010). The multitasking preference inventory: Toward an improved measure of individual differences in polychronicity. *Human Performance, 23*(3), 247–264. https://doi.org/10.1080/08959285.2010.487843.

Possin, K. (2014). Critique of the Watson-Glaser critical thinking appraisal test: The more you know, the lower your score. *Informal Logic, 34*(4), 393. https://doi.org/10.22329/il.v34i4.4141.

Prendergast, C. (1999). The provision of incentives in firms. *Journal of Economic Literature, 37*(1), 7–63. https://doi.org/10.1257/jel.37.1.7.

Prendergast, C., & Topel, R. (1993). Discretion and bias in performance evaluation. *European Economic Review, 37*(2–3), 355–365. https://doi.org/10.1016/0014-2921(93)90024-5.

Prendergast, C., & Topel, R. H. (1996). Favoritism in organizations. *Journal of Political Economy, 104*(5), 958–978. https://doi.org/10.1086/262048.

Prenzel, M., Gogolin, I., & Krüger, H.-H. (Hrsg.). (2008). *Kompetenzdiagnostik*. VS Verlag. https://doi.org/10.1007/978-3-531-90865-6.

Pulakos, E. D., Hanson, R. M., Arad, S., & Moye, N. (2015). Performance management can be fixed: An on-the-job experiential learning approach for complex behavior change. *Industrial and Organizational Psychology, 8*(1), 51–76. https://doi.org/10.1017/iop.2014.2.

Quinteiro, P. M., Passos, A., & Curral, L. (2016). Thought self-leadership and effectiveness in self-management teams. *Leadership, 12*(1), 110–126. https://doi.org/10.1177/1742715014543579.

Rafferty, A. E., & Griffin, M. A. (2004). Dimensions of transformational leadership: Conceptual and empirical extensions. *The Leadership Quarterly, 15*(3), 329–354. https://doi.org/10.1016/j.leaqua.2004.02.009.

Ragin, C. C. (2000). Fuzzy-set social science. *University of Chicago Press*. https://doi.org/10.1023/A:1022979415500.

Ragin, C. C. (2008). Redesigning social inquiry. *University of Chicago Press*. https://doi.org/10.7208/9780226702797.

Rammstedt, B., Kemper, C. J., Klein, M. C., Beierlein, C., & Kovaleva, A. (2012). Eine kurze Skala zur Messung der fünf Dimensionen der Persönlichkeit: Big-FiveInventory-10 (BFI-10). https://nbn-resolving.org/urn:nbn:de:0168-ssoar-312133 (GESIS-Working Papers, 2012/23).

Rauch, A., & Frese, M. (2007). Let's put the person back into entrepreneurship research: A meta-analysis on the relationship between business owners' personality traits, business creation, and success. *European Journal of Work and Organizational Psychology, 16*(4), 353–385. https://doi.org/10.1080/13594320701595438.

Reio, T. G., & Sutton, F. C. (2006). Employer assessment of work-related competencies and workplace adaptation. *Human Resource Development Quarterly, 17*(3), 305–324. https://doi.org/10.1002/hrdq.1176.

Reyt, J.-N., & Wiesenfeld, B. M. (2015). Seeing the forest for the trees: Exploratory learning, mobile technology, and knowledge workers' role integration behaviors. *Academy of Management Journal, 58*(3), 739–762. https://doi.org/10.5465/amj.2013.0991.

Robertson, I., Callinan, M., & Bartram, D. (Hrsg.). (2002a). *Organizational effectiveness. The role of psychology*. Wiley.

Robertson, I. T., Callinan, M., & Bartram, D. (Hrsg.). (2002). *Organizational Effectiveness*. Wiley. https://doi.org/10.1002/9780470696736.

Rockstuhl, T., Ang, S., Ng, K.-Y., Lievens, F., & van Dyne, L. (2015). Putting judging situations into situational judgment tests: Evidence from intercultural multimedia SJTs. *Journal of Applied Psychology, 100*(2), 464–480. https://doi.org/10.1037/a0038098.

Roets, A., Kruglanski, A. W., Kossowska, M., Pierro, A., & Hong, Y. (2015). The motivated gatekeeper of our minds. In J. M. Olsen & M. P. Zanna (Hrsg.), *Advances in Experimental Social Psychology: Advances in experimental social psychology* (Bd. 52, S. 221–283). Elsevier. https://doi.org/10.1016/bs.aesp.2015.01.001.

Rothstein, M. G., & Goffin, R. D. (2006). The use of personality measures in personnel selection: What does current research support? *Human Resource Management Review, 16*(2), 155–180. https://doi.org/10.1016/j.hrmr.2006.03.004.

Ryschka, J., Solga, M., & Mattenklott, A. (Hrsg.). (2011). *Praxishandbuch Personalentwicklung* (3. Aufl.). Gabler. https://doi.org/10.1007/978-3-8349-6384-0.

Sackett, P. R., & Laczo, R. M. (2003). Job and work analysis. In I. B. Weiner (Hrsg.), *Handbook of psychology* (S. 19–37). Wiley. https://doi.org/10.1002/0471264385.wei1202.

Salas, E., Shuffler, M. L., Thayer, A. L., Bedwell, W. L., & Lazzara, E. H. (2015). Understanding and improving teamwork in organizations: A scientifically based practical guide. *Human Resource Management, 54*(4), 599–622. https://doi.org/10.1002/hrm.21628.

Salman, M., Ganie, S. A., & Saleem, I. (2020). The concept of competence: A thematic review and discussion. *European Journal of Training and Development, 44*(6/7), 717–742. https://doi.org/10.1108/EJTD-10-2019-0171.

Salovey, P., & Mayer, J. D. (1990). Emotional intelligence. *Imagination, Cognition and Personality, 9*(3), 185–211. https://doi.org/10.2190/dugg-p24e-52wk-6cdg.

Sauerland, M., & Sporer, S. L. (2011). Written vs. spoken eyewitness accounts: Does modality of testing matter? *Behavioral sciences & the law, 29*(6), 846–857. https://doi.org/10.1002/bsl.1013.

Sauter, W., & Staudt, A.-K. (2016a). Kompetenzmessung in der Praxis: Mitarbeiterpotenziale erfassen und analysieren. *Springer Fachmedien Wiesbaden.* https://doi.org/10.1007/978-3-658-11904-1.

Sauter, W., & Staudt, F.-P. (2016). *Strategisches Kompetenzmanagement 2.0.* Springer Fachmedien Wiesbaden. https://doi.org/10.1007/978-3-658-11294-3.

Saville, P., Holdsworth, R., Nyfield, G., Cramp, L., & Mabey, W. (2007). British Psychological Society Psychological Testing Centre Test Reviews: Occupational Personality Questionnaire (OPQ32).

Scheuer, C.-L., Loughlin, C., & Woodside, A. G. (2022). Can you always catch more flies with honey than with vinegar? Applying an asymmetric approach to transformational leadership research. *Journal of Business and Psychology, 37*(1), 191–213. https://doi.org/10.1007/s10869-021-09737-4.

Schleicher, D. J., Bull, R. A., & Green, S. G. (2009). Rater reactions to forced distribution rating systems. *Journal of Management, 35*(4), 899–927. https://doi.org/10.1177/0149206307312514.

Schmidt-Huber, M., Dörr, S., & Maier, G. W. (2014). Die Entwicklung und Validierung eines evidenzbasierten Kompetenzmodells effektiver Führung (LEaD: Leadership Effectiveness and Development). *Zeitschrift für Arbeits- und Organisationspsychologie A&O, 58*(2), 80–94. https://doi.org/10.1026/0932-4089/a000138.

Schneider, C. Q., & Wagemann, C. (2012). *Set-theoretic methods for the social sciences.* Cambridge University Press.

Scholten, L., van Knippenberg, D., Nijstad, B. A., & de Dreu, C. K. (2007). Motivated information processing and group decision-making: Effects of process accountability on information processing and decision quality. *Journal of Experimental Social Psychology, 43*(4), 539–552. https://doi.org/10.1016/j.jesp.2006.05.010.

Schulz-Hardt, S., Brodbeck, F. C., Mojzisch, A., Kerschreiter, R., & Frey, D. (2006). Group decision making in hidden profile situations: Dissent as a facilitator for decision quality. *Journal of personality and social psychology, 91*(6), 1080–1093. https://doi.org/10.1037/0022-3514.91.6.1080.

Schutz, W. (1992). Beyond FIRO-B–three new theory-derived measures–Element B: Behavior, Element F: Feelings Element S: Self. *Psychological reports, 70*(3 Pt 1), 915–937. https://doi.org/10.2466/pr0.1992.70.3.915.

Schweiger, D. M., Sandberg, W. R., & Rechner, P. L. (1989). Experiential effects of dialectical inquiry, devil's advocacy and consensus approaches to strategic decision making. *Academy of Management Journal, 32*(4), 745–772. https://doi.org/10.5465/256567.

Schwenk, C. R. (1990). Effects of devil's advocacy and dialectical inquiry on decision making: A meta-analysis. *Organizational Behavior and Human Decision Processes, 47*(1), 161–176. https://doi.org/10.1016/0749-5978(90)90051-A.

Scullen, S. E., Mount, M. K., & Goff, M. (2000). Understanding the latent structure of job performance ratings. *The Journal of applied psychology, 85*(6), 956–970. https://doi.org/10.1037/0021-9010.85.6.956.

Sharbrough, W. C. (2006). Motivating language in industry: Its impact on job satisfaction and perceived supervisor effectiveness. *Journal of Business Communication, 43*(4), 322–343. https://doi.org/10.1177/0021943606291712.

Sinclair, V. G., & Wallston, K. A. (2004). The development and psychometric evaluation of the Brief Resilient Coping Scale. *Assessment, 11*(1), 94–101. https://doi.org/10.1177/1073191103258144.

Škrinjarić, B. (2022). Competence-based approaches in organizational and individual context. *Humanities and Social Sciences Communications, 9*(1). https://doi.org/10.1057/s41599-022-01047-1.

Solga, M. von, Ryschka, J., & Mattenklott, A. (2011). Personalentwicklung: Gegenstand, Prozessmodell, Erfolgsfaktoren. In J. Ryschka, M. Solga, & A. Mattenklott (Hrsg.), *Praxishandbuch Personalentwicklung* (3. Aufl., S. 19–34). Gabler. https://doi.org/10.1007/978-3-8349-6384-0_2.

Sorrentino, R. M., & Field, N. (1986). Emergent leadership over time: The functional value of positive motivation. *Journal of personality and social psychology, 50*(6), 1091–1099. https://doi.org/10.1037/0022-3514.50.6.1091.

Speer, A. B. (2018). Quantifying with words: An investigation of the validity of narrative-derived performance scores. *Personnel Psychology, 71*(3), 299–333. https://doi.org/10.1111/peps.12263.

Spence, J. R., & Keeping, L. (2011). Conscious rating distortion in performance appraisal: A review, commentary, and proposed framework for research. *Human Resource Management Review, 21*(2), 85–95. https://doi.org/10.1016/j.hrmr.2010.09.013.

Spitzmuller, M., Sin, H.-P., Howe, M., & Fatimah, S. (2015). Investigating the uniqueness and usefulness of proactive personality in organizational research: A meta-analytic review. *Human Performance, 28*(4), 351–379. https://doi.org/10.1080/08959285.2015.1021041.

Steers, R. M., & Braunstein, D. N. (1976). A behaviorally-based measure of manifest needs in work settings. *Journal of Vocational Behavior, 9*(2), 251–266. https://doi.org/10.1016/0001-8791(76)90083-X.

Stein, R., & Swan, A. B. (2019). Evaluating the validity of Myers-Briggs type indicator theory: A teaching tool and window into intuitive psychology. *Social and Personality Psychology Compass, 13*(2), Artikel e12434. https://doi.org/10.1111/spc3.12434.

Steiner, I. D. (1972). *Group process and productivity*. Academic.

Stevens, M. J., & Campion, M. A. (1994). The knowledge, skill, and ability requirements for teamwork: Implications for Human Resource Management. *Journal of Management, 20*(2), 503–530. https://doi.org/10.1177/014920639402000210.

Stewart, G. L., Fulmer, I. S., & Barrick, M. R. (2005). An exploration of member roles as a multilevel linking mechanism for individual traits and team outcomes. *Personnel Psychology, 58*(2), 343–365. https://doi.org/10.1111/j.1744-6570.2005.00480.x.

Stoker, J. I., Garretsen, H., Soudis, D., & Vriend, T. (2022). A configurational approach to leadership behavior through archetypal analysis. *Frontiers in Psychology, 13,* 1022299. https://doi.org/10.3389/fpsyg.2022.1022299.

Subramony, M. (2006). Why organizations adopt some human resource management practices and reject others: An exploration of rationales. *Human Resource Management, 45*(2), 195–210. https://doi.org/10.1002/hrm.20104.

Sung, S. Y., & Choi, J. N. (2021). Team psychological needs and radical versus incremental creativity of work teams. *Human Performance, 34*(3), 149–167. https://doi.org/10.1080/08959285.2021.1902330.

Susskind, A. M., Kacmar, K. M., & Borchgrevink, C. P. (2003). Customer service providers' attitudes relating to customer service and customer satisfaction in the customer-server exchange. *The Journal of applied psychology, 88*(1), 179–187. https://doi.org/10.1037/0021-9010.88.1.179.

Taras, V., Kirkman, B. L., & Steel, P. (2010). Examining the impact of culture's consequences: A three-decade, multilevel, meta-analytic review of Hofstede's cultural value dimensions. *Journal of Applied Psychology, 95*(3), 405–439. https://doi.org/10.1037/a0018938.

Tett, R. P., Guterman, H. A., Bleier, A., & Murphy, P. J. (2000). Development and content validation of a „Hyperdimensional" taxonomy of managerial competence. *Human Performance, 13*(3), 205–251. https://doi.org/10.1207/S15327043HUP1303_1.

Tett, R. P., Jackson, D. N., & Rothstein, M. (1991). Personality measures as predictors of job performance: A meta-analytic review. *Personnel Psychology, 44*(4), 703–742. https://doi.org/10.1111/j.1744-6570.1991.tb00696.x.

The international journal of leadership studies (Bd. 7). (2012). http://www.regent.edu/acad/global/publications/ijls/new/home.htm.

Thorsteinson, T. J., Breier, J., Atwell, A., Hamilton, C., & Privette, M. (2008). Anchoring effects on performance judgments. *Organizational Behavior and Human Decision Processes, 107*(1), 29–40. https://doi.org/10.1016/j.obhdp.2008.01.003.

Trapp, I., & Trapp, R. (2019). The psychological effects of centrality bias: An experimental analysis. *Journal of Business Economics, 89*(2), 155–189. https://doi.org/10.1007/s11573-018-0908-6.

Traylor, A. M., Reyes, D. L., & Holladay, C. L. (2022). Do we practice what we preach? The association between Judgements of soft skills and performance evaluations over time. *Current Psychology, 41*(10), 7208–7214. https://doi.org/10.1007/s12144-020-01276-0.

Trivellas, P., & Reklitis, P. (2014). Leadership competencies profiles and managerial effectiveness in greece. *Procedia Economics and Finance, 9,* 380–390. https://doi.org/10.1016/S2212-5671(14)00039-2.

Valcea, S., Hamdani, M., & Bradley, B. (2019). Weakest link goal orientations and team expertise: Implications for team performance. *Small Group Research, 50*(3), 315–347. https://doi.org/10.1177/1046496418825302.

Vandewalle, D. (1997). Development and validation of a work domain goal orientation instrument. *Educational and Psychological Measurement, 57*(6), 995–1015. https://doi.org/10.1177/0013164497057006009.

Verquer, M. L., Beehr, T. A., & Wagner, S. H. (2003). A meta-analysis of relations between person–organization fit and work attitudes. *Journal of Vocational Behavior, 63*(3), 473–489. https://doi.org/10.1016/s0001-8791(02)00036-2.

Wang, D., Waldman, D. A., & Zhang, Z. (2014). A meta-analysis of shared leadership and team effectiveness. *Journal of Applied Psychology, 99*(2), 181–198. https://doi.org/10.1037/a0034531.

Weber, R. A., & Camerer, C. F. (2003). Cultural conflict and merger failure: An experimental approach. *Management Science, 49*(4), 400–415. https://doi.org/10.1287/mnsc.49.4.400.14430.

Weiner, I. B. (Hrsg.). (2003). *Handbook of psychology*. Wiley. https://doi.org/10.1002/0471264385.

Wiesenfeld, B. M., Reyt, J.-N., Brockner, J., & Trope, Y. (2017). Construal level theory in organizational research. *Annual Review of Organizational Psychology and Organizational Behavior, 4*(1), 367–400. https://doi.org/10.1146/annurev-orgpsych-032516-113115.

Williams, H. M., Parker, S. K., & Turner, N. (2010). Proactively performing teams: The role of work design, transformational leadership, and team composition. *Journal of Occupational and Organizational Psychology, 83*(2), 301–324. https://doi.org/10.1348/096317910X502494.

Wilson, T. D., Houston, C. E., Etling, K. M., & Brekke, N. (1996). A new look at anchoring effects: Basic anchoring and its antecedents. *Journal of experimental psychology. General, 125*(4), 387–402. https://doi.org/10.1037/0096-3445.125.4.387.

Wirges, F., Ahlbrecht, M., & Neyer, A.-K. (2020). HR-Analytics. *Springer Fachmedien.* https://doi.org/10.1007/978-3-658-27793-2.

Wolf, A., & Jenkins, A. (2006). Explaining greater test use for selection: The role of HR professionals in a world of expanding regulation. *Human Resource Management Journal, 16*(2), 193–213. https://doi.org/10.1111/j.1748-8583.2006.00008.x.

Yang, Q., King, I., Li, Q., Pu, P., & Karypis, G. (Hrsg.). (2013). *Proceedings of the 7th ACM conference on Recommender systems.* ACM.

Zablah, A. R., Franke, G. R., Brown, T. J., & Bartholomew, D. E. (2012). How and when does customer orientation influence frontline employee job outcomes? *A meta-analytic evaluation. Journal of Marketing, 76*(3), 21–40. https://doi.org/10.1509/jm.10.0231.

Zhai, X., Zhu, C. J., & Zhang, M. M. (2023). Mapping promoting factors and mechanisms of resilience for performance improvement: The role of strategic human resource management systems and psychological empowerment. *Applied Psychology, 72*(3), 915–936. https://doi.org/10.1111/apps.12411.

Zhang, M. J., Zhang, Y., & Law, K. S. (2022). Paradoxical leadership and innovation in work teams: The multilevel mediating role of ambidexterity and leader vision as a boundary condition. *Academy of Management Journal, 65*(5), 1652–1679. https://doi.org/10.5465/amj.2017.1265.

Printed by Printforce, the Netherlands